# 贵州省风能资源开发利用

吴战平　帅士章　李　霄　等编著

## 内 容 简 介

为了有效地服务于贵州现代经济社会发展建设,贵州省气候中心根据国家开展风能资源开发利用的工作要求,利用气象站观测资料和实地考察,采用适合山区特点的计算方法和数值模拟技术,对贵州省风能资源的储量、分布特征和变化规律进行了全面深入的分析研究,取得了风电场风能资源潜力、风电场气象灾害风险评估等一系列科研成果。在此基础上,结合近几年来的应用服务工作总结,并综合国内外有关研究成果编著形成了《贵州省风能资源开发利用》一书。

本书是一部具有山区特色的专业书籍,内容丰富,不仅对贵州省的风能资源开发利用、风电场的建设和风电并网运行管理等具有实用价值,还可为政府决策部门、风电资源管理和规划部门以及风电企业的相关科研技术人员和广大读者提供参考,也可为其他山区风能资源评估工作提供参考。

**图书在版编目(CIP)数据**

贵州省风能资源开发利用/吴战平等编著.—北京:气象出版社,2014.11
ISBN 978-7-5029-6043-8

Ⅰ.①贵… Ⅱ.①吴… Ⅲ.①风力能源-资源开发-研究-贵州省②风力能源-资源利用-研究-贵州省
Ⅳ.①TK81

中国版本图书馆 CIP 数据核字(2014)第 253700 号

| | | | |
|---|---|---|---|
| 出版发行:气象出版社 | | | |
| 地 址:北京市海淀区中关村南大街46号 | | 邮政编码:100081 | |
| 总 编 室:010-68407112 | | 发 行 部:010-68409198 | |
| 网 址:http://www.qxcbs.com | | E-mail:qxcbs@cma.gov.cn | |
| 责任编辑:陈 红 | | 终 审:黄润恒 | |
| 封面设计:博雅思企划 | | 责任技编:吴庭芳 | |
| 印 刷:北京地大天成印务有限公司 | | | |
| 开 本:787 mm×1092 mm 1/16 | | 印 张:8.25 | |
| 字 数:205 千字 | | | |
| 版 次:2014 年 12 月第 1 版 | | 印 次:2014 年 12 月第 1 次印刷 | |
| 定 价:50.00 元 | | | |

本书如存在文字不清、漏印以及缺页、倒页、脱页等,请与本社发行部联系调换

# 序

风能资源是清洁的可再生能源,风力发电是新能源领域中技术最成熟、最具规模开发条件和商业化发展前景的发电方式之一。在当今全球范围正面临着化石能源濒临枯竭、环境污染问题日趋严重、应对气候变化的压力不断加剧的背景下,发展风能、太阳能等可再生清洁能源已成为国家能源发展战略的重点领域。我国政府对发展风电高度重视,截止2010年年底,全国风电累计并网装机容量3100万千瓦。《可再生能源"十二五"发展规划》提出:以风电场的规模化建设带动风电产业化发展,风电开发与配套电网和电力系统协调发展(平均每年新增风电装机容量1200万千瓦)的规划目标。按照《可再生能源"十二五"发展规划》,可再生能源比重将进一步提高,到2020年,风电装机容量将达20000万千瓦以上。为适应我国风电发展的要求,2007—2011年,国家发展和改革委员会、财政部专项安排开展全国风能资源详查和评价工作,中国气象局组织了全国30个省(区、市)的气象部门,建立了全国风能资源专业观测网,开展了全国风能资源的详查和评估,目的在于摸清风能资源分布状况和变化特征,分析和寻找适合建设风电场的区域,为制定风电发展规划和建设风电场提供科学依据。

贵州省位于中国的西南部,多年来人们始终认为是我国风资源贫乏省之一,所以贵州风电开发起步较晚,资源评估工作同样滞后。但因贵州是典型的山区省份,地形复杂,海拔高差变化大,典型的山地气候造就了风能资源的局部可利用性。开展准确而翔实的风能资源评估是风电发展的一项重要任务。贵州气象科技工作者借助这次全国范围的风能资源详查和评估工作的契机,利用气象站点气象资料、实地考察及观测资料、重点区域建立测风自动站获取资料、拟建风电场测风梯度塔资料、数值模拟资料,采用常规方法和数值模拟等技术方法,对高原山地的风资源情况进行了全面深入的评估分析,进一步摸清了贵州省风能资源的储量、分布特征和变化规律。另外,近年来,贵州省气象部门在对区域内风能资源进行深入分析评估的基础上,针对风电场建设规划、风电场选址、风电机组的微观选址等特殊需求开展了有针对性的技术研究与服务,特别是在分散式风电场的风资源评估工作中,在技术方法上有创新突破。

《贵州省风能资源开发利用》一书是贵州省气象科技工作者对贵州风能资源评估研究和应用服务工作的总结,该书不仅对贵州省的风能资源开发利用、风电场的建设和风电并网运行管理等具有实用价值,还可为政府决策部门、风电资源管理、规划部门以及风电企业相关科研技术人员和广大读者提供参考,而且特别可为其他山区风能资源评估工作者提供参考。衷心希望贵州省气象工作者在实践中不断深化和丰富对贵州省风能资源开发利用的科学认识,提高气象服务的能力和水平,为地方经济社会发展做出更大贡献。

贵州省气象局局长 赵广忠

2014年6月

# 前　言

　　风电资源蕴藏量巨大,全球风能资源总量约为 $27.4\times10^8$ MW,其中可利用的风能为 $0.2\times10^8$ MW。我国风能储量大、分布面广,开发利用潜力巨大,陆上离地面 50 m 高度、风功率密度$\geqslant300$ W/m² 的风能资源潜在开发量约 $23.8\times10^8$ kW。2010 年底,全球风电总装机容量达 199 520 MW,发电量超过 $4\,099\times10^8$ kWh,占世界电力总发电量的 1.92%。我国风电 2010 年新增装机容量达到 18 928 MW,占全球新增装机容量 48%,超过美国,成为世界第一大风电市场。随着国家政策的倾斜,加之中国风电并网瓶颈的逐步解决,未来中国风电装机容量和发电量将会进一步提升。

　　贵州为山区省份,地形复杂,风能资源的分布差异较大。同时,贵州省风电开发工作起步较晚,资源评估工作滞后。但近年来在国家和省两级相关部门的领导和支持下,风能资源开发利用工作发展很快。特别是 2003 年以来,随着评估技术的发展,评估资料的不断丰富,评估工作历经了"以点代面—以点为主—点面结合"三个步骤的发展,贵州风能资源情况逐步清晰,全省风电开发工作迈入正轨。2003—2005 年开展了基于气象台站观测资料的风能资源普查工作和风能资源实地考察及观测工作。2005—2008 年,全省建立了 35 个风能资源详查站,六盘水市建立了 3 座 70 m 高风能资源梯度塔。2008—2010 年作为国家风能资源观测网的组成部分,建立了毕节百草坪、雨磨山、六盘水老黑山、黄茅坪、黔南龙里、摆榜等 6 座梯度测风塔(其中 70 m 5 座,100 m 1 座),取得了大量的宝贵资料。2011 年 11 月 10 日,由专业观测网建设、数值模拟、数据库建设、综合评估四个专项组成的《贵州省风能资源详查和评估》项目通过验收,研究成果使全省风能资源储量及分布进一步明晰,为贵州开发利用风电资源提供了科学依据。2011—2013 年,受华能、大唐等 10 余家风电开发建设企业公司的委托,完成了 40 余个大型风电场风能资源评估报告和 5 个分散式风能资源评估报告,已作为风电场建设工程设计的基本依据和基础参数。在此基础上,贵州省气候中心的科技人员开展了进一步的研究分析和梳理总结工作,形成了较为系统和全面的贵州省风能资源开发利用成果。

　　本书是在贵州省发展和改革委员会资助的"贵州省风能资源精查"项目研究成果的基础上编写而成的,是贵州省气候中心对近几年来风能资源研究服务工作的技术总结。

　　本书由吴战平、帅士章、李霄、龙俐、罗宇翔、于俊伟、张东海、丁立国、陈娟、段莹等共同编著。全书共分 7 章,内容分别为:第 1 章,风能资源开发概述;第 2 章,贵州基于气象站点的风能资源评估;第 3 章,贵州基于实地考察及观测的风能资源评估;第 4 章,贵州复杂地形下的风能资源综合评估;第 5 章,贵州风电场风资源评估方法;第 6 章,贵州风电场气象灾害风险评估;第 7 章,贵州风能资源开发利用建议。

　　在本书编写过程中,得到了贵州省气象局赵广忠局长的关心、支持并为本书作序;得到了贵州省发展和改革委员会安银基、周屈强,贵州省能源局卓军、施绍贵,贵州省气象局杨利群、汤苾,中国水电顾问集团贵阳设计院黎发贵等领导和专家的指导;得到了中国气象局公共气象服务中心首席专家宋丽莉及兄弟省市气象局的技术支持；得到了相关风电企业在测风资料收集方面的协助和支持。在此，对他们表示深切的谢意。

贵州地形破碎，山地风能资源复杂多变，在工作中我们也发现了许多科学问题并未得到圆满解决，许多应用技术也需要在实践中进一步加以完善，由于我们水平有限，书中错误和不足之处在所难免。但我们有信心通过努力，在不久的将来能够对贵州省风能资源开发利用有更进一步的认识，应用技术也会更加成熟，更好地为地方经济社会发展服务。

编著者

2014 年 7 月

# 目 录

序
前言

## 第1章 风能资源开发概述 ····································································· (1)
1.1 风能资源开发的历史 ····································································· (1)
1.2 中国风能资源开发的概况 ······························································ (2)
1.3 贵州风能资源开发的概况 ······························································ (3)
   1.3.1 地形地貌 ················································································ (3)
   1.3.2 气候特征 ················································································ (4)
   1.3.3 风能资源 ················································································ (5)

## 第2章 贵州基于气象站点的风能资源评估 ········································· (8)
2.1 气象站点风的观测 ······································································· (8)
2.2 风的气候特征 ············································································· (9)
   2.2.1 大气环流对风的影响 ····························································· (9)
   2.2.2 地理位置及地形地势对风的影响 ············································ (9)
2.3 风的特征 ···················································································· (10)
   2.3.1 风的空间变化 ······································································· (10)
   2.3.2 年平均风速 ··········································································· (15)
   2.3.3 风速的月季变化 ···································································· (16)
   2.3.4 风速的日变化 ······································································· (16)
   2.3.5 最大风速的变化 ···································································· (17)
   2.3.6 风向频率与风速频率 ····························································· (17)

## 第3章 贵州基于实地考察及观测的风能资源评估 ····························· (20)
3.1 复杂地形下风能资源实地考察及观测技术方法 ···························· (20)
3.2 风能资源实地考察 ······································································· (20)
3.3 评估参数及技术方法 ··································································· (22)
   3.3.1 风能资源总储量 ···································································· (22)
   3.3.2 风能资源技术可开发量 ·························································· (22)
   3.3.3 风电场选址标准 ···································································· (22)
3.4 风能资源评估案例 ······································································· (23)
   3.4.1 盘县四格乡国营坡上牧场 ······················································ (24)
   3.4.2 威宁县百草坪 ······································································· (24)
   3.4.3 钟山区韭菜坪 ······································································· (24)

## 第4章　贵州复杂地形下的风能资源综合评估 (26)
### 4.1　风能资源观测网建设 (26)
#### 4.1.1　测风塔设置 (26)
#### 4.1.2　观测仪器性能 (29)
### 4.2　数据处理 (31)
#### 4.2.1　参证气象站数据 (32)
#### 4.2.2　风能观测数据的质量检验 (32)
#### 4.2.3　缺测和无效数据的插补订正 (34)
### 4.3　风能资源参数的计算 (36)
### 4.4　重现期(50年一遇)风速估算 (41)
### 4.5　长年代风能资源估算 (43)
### 4.6　风能资源评估数值模拟 (45)
#### 4.6.1　风能资源短期数值模拟 (47)
#### 4.6.2　风能资源长期数值模拟 (60)
#### 4.6.3　风能资源数值模拟结果的不确定性分析 (67)
#### 4.6.4　风能资源的GIS空间分析 (69)
### 4.7　风能资源综合评估 (69)
#### 4.7.1　全省风能资源特征 (69)
#### 4.7.2　各详查区风能资源特征 (70)
#### 4.7.3　风电开发建议 (70)

## 第5章　贵州风电场风资源评估方法 (72)
### 5.1　基于现场测风数据的评估方法 (72)
#### 5.1.1　评估参数定义及计算 (72)
#### 5.1.2　复杂地形参证站选择原则和一致性订正 (75)
#### 5.1.3　风能观测数据的质量检验 (76)
### 5.2　基于风能资源数值模拟技术的评估方法 (83)
#### 5.2.1　模式介绍及计算方程 (83)
#### 5.2.2　数值模拟案例分析 (90)

## 第6章　贵州风电场气象灾害风险评估 (103)
### 6.1　凝冻 (103)
#### 6.1.1　凝冻分布特征 (104)
#### 6.1.2　不同重现期连续最大凝冻日数 (106)
### 6.2　雷暴 (107)
#### 6.2.1　雷暴日数分布特征 (108)
#### 6.2.2　闪电分布特征 (110)
#### 6.2.3　雷电灾害区域分布特征 (112)

## 第7章　贵州风能资源开发利用建议 (113)
### 7.1　风能资源开发前景 (113)
### 7.2　风电场开发步骤 (113)

## 7.3 风能资源评估报告编制要求 ………………………………………… (114)
### 7.3.1 前言 …………………………………………………………… (114)
### 7.3.2 数据介绍 ……………………………………………………… (115)
### 7.3.3 长年代分析及订正 …………………………………………… (115)
### 7.3.4 数据计算分析 ………………………………………………… (115)
### 7.3.5 数值模拟 ……………………………………………………… (116)
### 7.3.6 气象站风况和相关气象要素统计 …………………………… (116)
### 7.3.7 气象灾害风险分析 …………………………………………… (117)
### 7.3.8 评估结论和建议 ……………………………………………… (117)
## 7.4 风能资源开发利用建议 ……………………………………………… (117)
### 7.4.1 进一步提高对风能资源开发利用重要意义的认识 ………… (117)
### 7.4.2 适当给予相关风能开发的鼓励政策 ………………………… (118)
### 7.4.3 有计划有秩序地开发风电,制定完善发展规划 …………… (118)
### 7.4.4 规范开发项目前期可行性论证工作 ………………………… (118)
### 7.4.5 坚持电网先行原则,加快配套电网建设 …………………… (118)
### 7.4.6 坚持重点支持的原则,维持风电开发秩序 ………………… (118)
### 7.4.7 加强风电开发研究及人才培养 ……………………………… (118)

**参考文献** ……………………………………………………………………… (119)

# 第1章 风能资源开发概述

风是空气流动的现象,风的分布广泛而不均匀。风是地球上的一种自然现象,风的形成是地球表面接受太阳辐射能不均匀而引起的气压分布不均匀,形成了气压梯度力,从而使空气产生运动。受地理环境和大气环流影响,风的空间分布和时间变化很大,具有以年和日为周期的变化规律。

风能是因空气流做功产生的一种可利用的能量。风能的大小主要取决于风速,风的能量来自于太阳,从广义上讲,风能是太阳能的一种表现形式。因此,只要太阳存在,风能就永远存在。风能既是不消耗化石燃料、取之不尽、用之不竭的可再生能源,又属于不排放温室气体、不污染环境的清洁能源。风能开发因其有利于减少化石能源的消耗、减少温室气体排放保护环境和应对气候变化等优势,受到世界各国政府的重视和大力发展。风力发电虽然自20世纪末期以来发展速度很快,但仍属于未大规模利用、正在积极研究开发的新能源。

## 1.1 风能资源开发的历史

风能是人类社会最早开发利用的能源之一。人类利用风能的历史可以追溯到公元前。几千年来,风能一直被用来带动风车,作为碾磨谷物和抽水的动力,或者通过驱动船帆带动船舶运行。直到蒸汽机的出现和大规模使用,风能的利用才逐渐被代替。直至19世纪晚期美国人发明了最早的风力机——12 kW直流风电机组,风能才再一次被人类利用起来。在此之后,人类对风电机组的研究开发从未停止。但几十年来,风能技术发展缓慢,也没有引起人们足够的重视。

自1973年世界石油危机以来,在常规能源告急和全球生态环境恶化的双重压力下,风能作为新能源的一部分才重新有了长足的发展。风能作为一种无污染和可再生的新能源有着巨大的发展潜力,特别是对沿海岛屿,交通不便的边远山区,地广人稀的草原牧场,以及远离电网和近期内电网还难以到达的农村、边疆,作为解决生产和生活能源的一种可靠途径,有着十分重要的意义。即使在发达国家,风能作为一种高效清洁的新能源也日益受到重视。美国早在1974年就开始实行联邦风能计划。其内容主要是:评估国家的风能资源;研究风能开发中的社会和环境问题;改进风力发电机组的性能,降低造价等。美国于20世纪80年代成功地开发了100 kW、200 kW、2000 kW、2500 kW、6200 kW、7200 kW的6种风电机组。在瑞典、荷兰、英国、丹麦、德国、日本、西班牙等国家,也根据各自国家的情况制定了相应的风力发电计划。

美国制造的风机从1975年的Mod0（风轮直径38 m、功率100 kW），发展到1987年的Mod5（风轮直径97.5 m，功率达到2.5 MW）。欧美其他国家也在大力发展风机技术，风力发电才真正进入了商业化的发展阶段。

随着世界各国大力发展风力发电，促成了风机制造业得以飞速发展，风机的制造成本大幅下降，风电价格也随之大幅下降，风电装机大幅度增加，风能资源得到了广泛开发。据预测，随着化石能源的日愈枯竭，价格将持续上涨，在不远的将来，风电的价格将会逐步接近化石能源的价格。

进入21世纪，风电的发展更为迅猛。据全球风能协会发布的统计报告，2012年全球风电市场新增装机容量达到创纪录的$4471×10^4$ kW，2013年则有所下降，全球新增装机容量$3546×10^4$ kW。与此同时，新兴工业国家也加快了开发进度。近年来，中国、印度、巴西等国家风电装机容量的发展速度远远超过世界平均水平，中国风电装机容量从2001年的$38.1×10^4$ kW增长至2013年的$9000×10^4$ kW超过200倍的增长，使中国成为世界上风电装机容量跃居第一的国家。据评估，全球风电资源蕴藏量巨大，风能资源总量约为$27.4×10^8$ MW，其中可利用的风能达到$0.2×10^8$ MW。

## 1.2 中国风能资源开发的概况

中国是世界上最早利用风能的国家之一。公元前数世纪中国人民就利用风力提水、灌溉、磨面、舂米，利用风帆推动船舶前进。到了宋代更是中国应用风车的全盛时代，当时流行的垂直轴风车，一直沿用至今。我国幅员辽阔，风能资源丰富。从2005年开始，国家发展和改革委员会联合中国气象局进行了全国风能资源普查。2008年，国家能源局和财政部联合中国气象局对全国风能资源进行了进一步的详查，基本摸清了全国风能资源储量及其分布。

我国风能资源丰富的地区主要分布在内蒙古、新疆和甘肃河西走廊，东北和华北的部分地区以及青藏高原和云贵高原的部分地区；东南沿海海岸也有较丰富的风能资源，此外，贵州、湖南、广东和广西的部分山区的高山台地、河谷地带由于特殊的地形条件，局部风能资源也较为丰富。

根据中国气象局"中国风能资源评估报告"，中国的风能资源丰富。中国风能储量很大、分布面广，开发利用潜力巨大。我国风能资源总储量达$43.5×10^8$ kW，其中，技术可开发量为$2.97×10^8$ kW，技术可开发面积为$20×10^4$ km²，潜在技术可开发量约为$7900×10^4$ kW。

按照中国风能区划标准，全国分为风能资源丰富、较丰富、一般、贫乏4个区。

风能资源丰富区主要分布在北部风能资源丰富带，年平均风功率密度在150 W/m² 以上的区域面积大，有效小时数达5000~6000 h，是我国风能开发利用基地；沿海风能资源丰富带，这一地带包括我国东部、东南沿海及近海岛屿，濒临海洋地带。

风能资源较丰富区是风能资源丰富区的扩展，也就是沿海风能资源丰富带向内陆的扩展，主要分布于沿海岸线陆上狭窄的带状范围内；北部风能资源丰富带向南的扩展；此外，青藏高原北部有一风能资源较丰富区。

风能资源一般区北沿风能较丰富区，自东北长白山开始向西、过华北、经西北到我国最西端。东部由沿海风能较丰富区向西到长江、黄河中下游广大地区，只有在大的湖泊和特殊地形影响下风能资源才较为丰富。

风能资源贫乏区分散在3个地区,一个是以四川盆地为中心,包括陕西、湘西、鄂西以及南岭山地和滇南;一个是雅鲁藏布江河谷;再一个是塔里木盆地。这些区域年平均风功率密度在50 W/m² 以下,风资源开发利用潜力不大。

影响风电场的主要气象灾害有:台风、低温冰冻(凝冻)、雷暴、沙尘暴等。

从风电装机的地域来讲,中国的风电主要集中在内蒙古、河北、甘肃、辽宁东、黑龙江、吉林、宁夏和新疆等地区。我国自20世纪80年代开始建设并网型风电场,1986年在山东荣成建成了我国第一个示范风电场,至今经过20多年的发展,风电装机规模不断扩大。2005年底,我国风电建设装机容量仅为 $121.8×10^4 kW$,经过"十一五"期间的快速发展,到2010年底,全国(不含港、澳、台)共建设423个风电场,吊装风电机组20367台,总吊装容量达到 $4167×10^4 kW$。2010年当年新增吊装容量 $1755×10^4 kW$,与2009年相比,年增长率达73%,我国风电累计吊装容量世界排名由2009年的第三位跃升至第一位,装机规模达到了新的水平。2012年,中国风电新增装机容量 $1296×10^4 kW$,累计装机容量达到 $7532×10^4 kW$,分别占全球新增风电装机容量的30%和总容量的26.8%;2013年新增风电装机容量 $1610×10^4 kW$,并网装机达到 $7800×10^4 kW$,累计装机容量突破 $9000×10^4 kW$。

## 1.3　贵州风能资源开发的概况

### 1.3.1　地形地貌

贵州位于我国西南部,简称"黔"或"贵",位于东经 $103°36′\sim109°32′$ 和北纬 $24°38′\sim29°14′$ 之间,地处云贵高原东侧、青藏高原东南坡,是我国地势第二级阶梯东部边缘的一部分。东靠湖南,南邻广西,西毗云南,北连四川和重庆。全省总面积为 $17.6×10^4 km^2$,占全国国土面积的1.8%。

贵州是一个山区省份(图1.1),土地和丘陵占全省总面积的97%,平均海拔 1100 m,由于河流侵蚀、切割、地面崎岖,有"地无三里平"之说。按地貌类型组合的差别,全省划分为五个地貌区。黔东区:江口—三都一线以东地区,大部分地区海拔在 800 m 以下,相对高度多在 300 m 以下,以低山丘陵为主。黔北区:都匀—贵阳—安顺一线以北广大地区,海拔在 $800\sim1200$ m,相对高度 $300\sim700$ m。黔南区:三都—镇宁—盘县一线以南地区,地势由北向南倾斜,海拔由 1300 m 左右降到 500 m 以下,相对高度在 $300\sim500$ m 左右,区内岩溶发育,峰丛峰林广布,多有洼地溶蚀盆地,多落水洞和暗流,地面干燥,地下水虽丰富但埋藏深。黔西北区:毕节—六枝—盘县一线的以西地区,海拔多在 $1700\sim2400$ m,相对高度 $300\sim700$ m,地质构造简单,地面平缓,是贵州高原面较完整的一区。赤水区:赤水和习水两河下游的小范围地区,地势由东南向西北倾斜,海拔在 1000 m 以下,丘陵起伏,相对高度在 100 m 左右,以中山、低山、侵蚀台地、峡谷及河流阶地亦较广泛。

贵州境内主要山脉有四条,西北部为乌蒙山的北段,呈南北轴走向,海拔多在 $2000\sim2400$ m,在赫章和水城交界处的韭菜坪海拔在 2900 m,是贵州省内海拔最高的地方,苗岭东西横亘于贵州中部,西段海拔在 1500 m 左右,中段海拔在 1300 m 左右,东段海拔在 1000 m 左右。北部大娄山呈东北西南走向,海拔多在 $1000\sim1500$ m。东北部为武夷山的南段,亦呈东北—西南走向,梵净山区最高峰凤凰山海拔 2572 m。

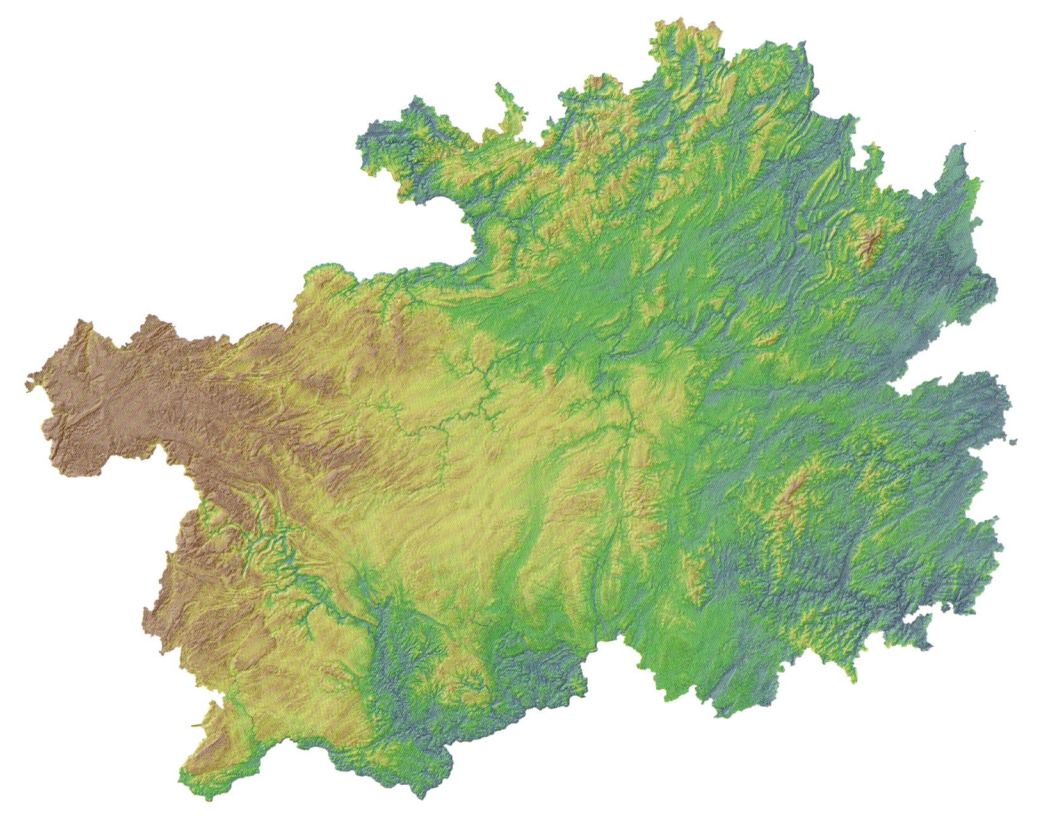

图 1.1　贵州省地形图

贵州河流处在长江和珠江两大水系上游交错地带,全省水系顺地势由西部、中部向北、东、南三面分流。苗岭是长江和珠江两流域的分水岭,以北属长江流域,以南属珠江流域。长度在 10 km 以上的河流有 984 条,全省水力资源丰富。

### 1.3.2　气候特征

#### 1.3.2.1　气候特点

由于贵州特殊的地理位置和地形地貌特点,很多天气影响系统在影响贵州时存在季节性变化。因此,贵州气候特点存在明显的季风性、高原性和多样性特征。

季风性:冬夏季风均能到达贵州境内,具有明显的季风气候特点。冬季盛行偏北风,风从内陆吹来,气候较寒冷干燥;夏季盛行风从海洋上吹来,气候温暖多雨。但是由于季风的强弱不同,进退早迟不同,常常带来旱涝的威胁。

高原性:贵州属低纬度高海拔高原山区。纬度较低,太阳高度角较大,故虽在冬季也温暖如春。在夏季当天气转阴雨时,阳光不能到达地面,气温随高度升高而递减的特点就明显地表现出来,故虽在盛夏,也显得凉爽如秋。形成了"四时无寒暑,一雨便成冬"的气候特点。由于海拔较高,加之降水日较多,所以各季温度总比同纬度低海拔的其他地区略低。夏季尤为突出,因而贵州多地均是夏季避暑的胜地,尤以号称"中国避暑之都"的贵阳为佳。

多样性：全省山岭重叠、丘陵起伏、山谷纵横,地形十分复杂,短距离内落差很大,造成温度和降水等气候要素分布不均,形成复杂多样的"立体气候"特点。

#### 1.3.2.2 气候的主要表现

(1)冬无严寒,夏无酷暑,四季分明

地面冷空气自北向南入侵贵州时,北面有秦巴山系阻挡而经两湖盆地自东北方向抵达贵州时,势力已大大减弱。冬季最冷的1月平均气温大部分地区在3～8℃,未出现过连续5 d的候平均气温低于−5.0℃的严寒天气,较同纬度的湘、赣两省为高。夏季最热的7月平均气温,除边缘低热河谷地区达28.0℃外,大部分在22.0～26.0℃,盛夏当我国东部酷热难当之时,贵州高原山区却是凉爽宜人,微风习习,实为旅游避暑的好去处。按照国内常用的四季划分标准(以候均气温低于10℃为冬季,高于22℃为夏季,居其间为春、秋季)。贵州除南部罗甸、望谟冬季较短,不到一个月,西部的威宁、水城一带基本上没有夏外,全省大部分地区四季分明。

(2)雨水充沛,光、热匹配同季

贵州由于受季风影响,冷暖气流交汇频繁,年降水量在1100～1300 mm,但降水季节分配不均,80%的雨水都集中在5—10月。4月上旬到5月上旬,雨季自东向西陆续开始,6月和7月降雨量达到全年最高峰,此时正值全年高温、多光照时期。光、热、水资源同期属丰收型农业气候类型。

(3)多阴雨少日照是贵州气候的最大特色

贵州绝大部分地区日雨量≥0.1 mm的日数多达160～200 d,这正是所谓"天无三日晴"的由来。常年在9月中、下旬,出现持续5～10 d以上的绵雨天气,不少年份甚至持续20 d以上。秋季以后,除省西部地区外,全省云雾阻挡了太阳的直接照射,阴霾天气日渐增多。隆冬季节日照更是特少,只有30～40 h,几乎整月不见直射光的年份并不鲜见。

(4)气候的地域和垂直性差异均显著

由于受地形条件的影响,贵州各地气候条件差异很大,"立体气候"明显。"一山有四季,十里不同天",就是贵州气候的地域和垂直性差异均显著的鲜明写照。省城贵阳与南部罗甸,相距约100 km,海拔相差630 m,年均气温相差4.3℃,冬季1月的平均气温,贵阳为5.0℃,而罗甸高达10.0℃,以至贵阳气候温和,四季分明,而罗甸则春秋相连,长夏无冬,终年温暖。在相对高度很大的山区,气候的垂直差异更是显著。苗岭主峰雷公山海拔2178 m,与西坡山脚下的雷山县城直线距离仅13 km,海拔却相差1338 m,县城年平均气温为15.4℃,在1000～1500 m的山腰,温度降低到12.0～14.0℃,至山顶则只有9.0℃。

(5)气象灾害频繁发生

贵州是一个多种气象灾害频繁出现的山区,干旱、暴雨、凝冻、冰雹、秋风、秋绵雨、倒春寒等常年均有发生。贵州之所以气象灾害频繁,是与复杂的地形、脆弱的生态环境以及季风进退多变有关。

### 1.3.3 风能资源

#### 1.3.3.1 风能资源评估概况

1951年以来,贵州逐步在每一个县(市)建立了的气象观测网,全省共计85个观测站均开展了风观测,积累了大量有价值的资料。在过去的风能资源评价工作中,均采用气象站的风观测资料,由于风的形成受地形影响很大,其空间变化连续性差,而各县(市)气象站大都建在县城,对于山区风观测数据代表性、全面性不可避免地存在较大偏差,一定程度上误导了对贵州风能资源的认识,多年来人们始终认为贵州省是我国风资源贫乏省之一,因而贵州风电开发起步较晚,资源评估工作同样滞后。

2003年以来,按照国家发展和改革委员会关于风电前期工作有关要求,在贵州省政府的安排下,利用全省85个县级气象站站近30年的气象观测资料进行分析,开展了全省风能资源普查及评价;随着评估技术的发展,评估资料的不断丰富,评估工作历经了以点代面—以点为主—点面结合三个步骤的发展,贵州风能资源逐步清晰,全省风电开发工作迈入正轨。2006—2008年,全省建立了35个风能资源详查站,六盘水市建立了3座70 m高度风能资源梯度塔,取得了大量的宝贵资料,分析结论打破了贵州风能资源为零的断言。分析评估工作是利用基于气象站点气象资料、基于实地考察及观测资料、重点区域建立测风自动站资料、拟建风电场测风梯度塔资料、数值模拟资料,采用国标规定的常规计算方法和数值模拟方法等技术方法。2011年6月30日,在中国气象局组织下,贵州省气象部门的专业观测网建设、数值模拟、数据库建设、综合评估四个专项组开展的"贵州省风能资源详查和评估"工作完成,特别是短期、长期风能资源精细化数值模拟图的完成,使全省风能资源储量及分布进一步明晰,得出了风能资源的分布差异较大,典型的山地气候造就了风能资源的分散和局部可利用性,在同一地区高地平台的风速明显偏大,存在相当数量的风能资源相对丰富的地区,并且部分地区有较丰富的风资源,为贵州开发风电资源提供了科学依据,推进了贵州风能资源的开发利用进入快速发展阶段。

#### 1.3.3.2 风电场开发概况

根据国家风电工程前期工作计划,贵州省于2003年底开始开展风电前期工作。按照省委、省政府对风电建设前期工作的安排和部署,由贵州省气象局负责贵州省的风能资源评价工作,由中国水电顾问集团贵阳勘测设计研究院负责贵州省的风电场工程规划工作。2006年3月完成了贵州省风能资源评价工作,并通过了中国气象局预测减灾司会同贵州省发改委的验收,2006年8月,完成贵州省风电场工程规划的编制工作,同年底,通过了有关部门的验收。2011年11月,"贵州省风能资源详查和评价"项目完成。

按照贵州省新能源"十二五"发展规划,到"十二五"末贵州省风电装机规模确保达到$450\times10^4$ kW左右,力争达到$600\times10^4$ kW左右,其中分散式风电装机规模达到$50\times10^4$ kW;到2020年,风电装机规模达到$800\times10^4$ kW,其中分散式风电装机规模达到$100\times10^4$ kW。至2013年,贵州省能源局批复同意开展前期工作的风电场项目共257个,其中大型风电场项目167个,分散式接入风电场项目90个,全省风电装机规模达9832 MW。167个大型风电场项目装机规模达8632 MW,其中28个项目已建成发电,装机1350 MW;37个项目核准在建,装机1776 MW;38个项目通过可研审查,装机2000 MW;64个项目开展高塔测风,装机3506 MW。90个分散式接入风电场项目装机规模达1200 MW,其中10个项目通过可研审查,装机达200 MW;80个项目开展高塔测风,装机1000 MW。贵州省风电场分布见图1.2。

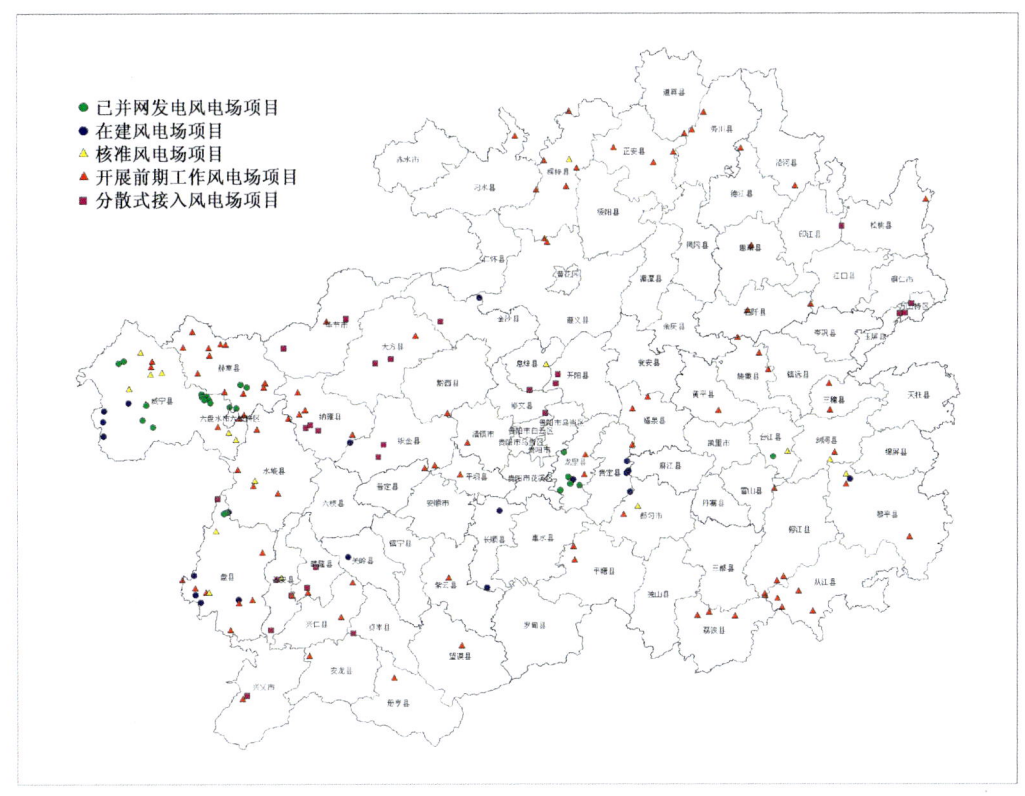

图 1.2　贵州省风电场分布图

# 第 2 章　贵州基于气象站点的风能资源评估

利用贵州省 85 个气象台站多年气象资料,采用不同的技术方法,开展风的气候特征分析及各种风能资源评估参数的计算和估算,完成了贵州省风能资源评价,即基于气象站点资料的风能资源评估。

## 2.1　气象站点风的观测

贵州省气象观测网始建于 1951 年,每个气象观测站都进行风的观测,气象站风观测统一规定为距地面 10 m 高处气流的方向和速度,即地面风向和风速。1971 年以来,我国各级气象站普遍统一使用 EL 型电接风向风速计观测,其他观测仪器还有轻便风速表、达因式风向风速计,以及用于测量农田中微风的热球微风仪等仪器;也可根据地面物体征象按风力等级表估计。测定的项目有平均风速和最多风向。配有自记仪器的,作了风向风速连续记录的可根据需要进行记录整理。风力等级是根据风对地上物体所引起的现象将风的大小分成 18 级,以 0～17 级的等级数字表示。风力等级观察须在空气不受任何障碍物影响的地方进行。

观测内容包括风向风速,从 1951 年开始建站至 1958 年上半年,风观测主要用轻便风向风速仪和维尔达测风仪进行观测,部分台站靠人工目测估计。1958 年从英国进口了几部达因风向风速自记仪器,安装在贵阳、威宁、兴仁、安顺等台站使用,开始有了风的连续观测自记记录资料。1968 年国产 EL 型电接风向风速仪正式定型,并陆续装备台站使用,从 1970 年 1 月 1 日起,全省气象台站使用 EL 型电接风向风速仪进行风的定时观测;贵阳、威宁、兴仁、桐梓、遵义、安顺、独山、罗甸、三穗、凯里、榕江、思南、毕节等站安装了 EL 型电接风向风速自记记录仪,对风向风速进行连续观测;1993 年 1 月 1 日,与电接风向风速仪相匹配的 EN 型风向风速数据处理仪投入到有风自记记录的台站使用,原记录仪作为备份仪器备用。1992 年后,达因风向风速仪陆续停止使用。自动气象站单轨运行后,风的观测以单翼风向传感器和风杯风速传感器对风进行连续观测记录,并保留 EL 型电接风向风速仪作为备份。目测风向以 8 个方位记录,器测风向以 16 个方位记录,静风记"C";目测风速以 13 个等级(2004 年以后为 19 个等级)记录,器测风速以米/秒(m/s)为单位记录。

## 2.2 风的气候特征

### 2.2.1 大气环流对风的影响

贵州位于我国西南部,地处东亚季风和印度季风之间的过渡区,影响贵州气候的大气环流有三大特征,一是既有西风带环流系统的影响又受到副热带环流系统的影响,同时也是南北气流交绥接触频繁而剧烈的地区;二是在西部 2000～3000 m 的上空,常出现地方性的"西南涡旋";三是省内环流的季节性变化比较明显,夏季风势力较之北方各地为盛。有关气候学家根据对季风特征的分析,将贵州出现的季风分为冬季风、小季风、西南季风和东南季风几种类型,几种季风交替控制。

冬季风是低层的大陆指向海洋的冷气流,冬季风的建立与亚洲环流型改变有关,它的影响高度一般不超过 3000 m,冬季盛行时,贵州经常有静止锋活动。冬季风盛行日期平均为 11 月 20 日。

小季风是我国大部分地区冬季风盛行时期,贵州出现的一股南来的暖流,主要由于西藏高原东南部和云贵高原天晴时,日照较强、温度急升,气压剧降,加强了贵州以东冷高压后部的回流而产生的,是贵州西部和南部地区偏南大风的主要原因。小季风的活动日期平均为 2 月 22 日。

西南季风的建立与亚洲上空的环流型有密切关系,当西藏高原东部到孟加拉湾出现低槽,西太平洋高压脊线北进到 20°N 左右时,西南季风开始影响贵州;当西南支消失,西太平洋高压脊线继续北移到 25°N 附近时,孟加拉湾到印度出现季风低压,西南季风开始在贵州盛行。西南季风的开始日期平均为 4 月 18 日,盛行开始日期平均为 6 月 16 日。

东南季风是我国夏季风发展到极盛阶段出现在贵州上空的偏东气流,其下部往往是西南季风中断后残留的偏南气流。东南季风开始活动日期平均为 7 月 19 日,夏季风破坏冬季风开始日期平均为 9 月 20 日。

贵州的环流特征决定了季风对贵州影响的多样性,独特的地理位置,特殊地形地势的影响又增加了季风影响的复杂性,共同形成了我省气流运动的机制。由于冬春季节高空纬向环流偏强,而夏秋季节经向环流较明显的大气环流特征,呈现冬春季节风大,而夏秋季节风小的特性。

### 2.2.2 地理位置及地形地势对风的影响

贵州位于青藏高原东南侧,而体积巨大的青藏高原正好耸立在北半球的西风带中,其宽度约占西风带的三分之一,对于盛行的西风带近地面层气流来说,贵州正好位于背风坡,因而风速被削弱。从地形来看,贵州是一个山峦重叠,丘陵起伏的高原山区。从地势上来说,贵州东西向有三个阶梯,西高东低,全省最高点是赫章县南部珠市乡韭菜坪,海拔为 2901 m,最低点在黎平东部地坪乡水口河出省界处,海拔仅为 137 m;南北向有两个斜坡,中部隆起为脊背,分别向南北两侧倾斜。乌江北有大娄山,是四川盆地南缘,最高峰在桐梓菁坝大山海拔为 2028 m。东北隅的梵净山,最高峰海拔为 2570 m,是黔东北武陵山脉的主峰。苗岭横亘中部,是乌江与盘江及红水河的分水岭,最高峰雷公山,海拔为 2179 m。总的来说,由于贵州特殊的地理位置及地形地势,从各个方向来的气流进入贵州后都将受到不同程度的阻隔削弱及地面摩擦削弱,但在海拔较高、地形相对开阔的地方,这种削弱并不明显。

风具有较为明显的日变化特征。风日变化主要与下垫面有关。在陆地上白天风速较大,特别是午后达到最大,夜间风速较小,凌晨最小。陆地风的日变化幅度较大。风的日变化与季节也有很大关系,冬季变化幅度小于夏季。风的日变化与地形有关,随海拔高度的增加而改变。在高原山地,特别是高海拔地区,受高空风动力下传影响,常呈现出风的最大值出现在夜间的情况。孤立山岗上的风在山岗背后风速急剧减小,并产生涡旋,在山顶和山岗两侧风速加大;河谷和峡谷中的风与风向关系很大。山谷风是白天从谷地吹向山坡、夜间从山坡吹向谷地,以一日为周期的周期性风系。白天,因为山坡上的空气比同高度的自由大气增温强烈,空气从谷地沿坡向上爬升,形成谷风;夜间由于山坡辐射冷却,冷空气沿坡下滑,从山坡流入谷地,形成山风。

一般而言,风速随海拔高度增高而增加。这是由于高空盛行气流,其动量下传会因障碍物隔阻、地面摩擦消耗减小,主要适用受同一天气系统控制的地区。对贵州而言,海拔较高的山顶、山脊和山坡上风速就相对较大,这些风速较大的高地,如果面积开阔平坦,就会是风力资源较好、具有开发价值、需要重点考察的地点。

## 2.3 风的特征

利用贵州省 85 个气象站 1971—2000 年的风观测资料以及有自记风观测的台站的风观测资料对贵州省风的特征进行分析。

贵州省自记风观测台站的风速"代表年"根据国家发展和改革委员会下发的《全国风能资源评价技术规定》确定。具体办法如下:根据贵州省地面气象资料 1971—2000 年整编成果,选择年平均风速等于或接近 30 年年平均风速 $\overline{V}_{30}$ 的年份,定义为平均风速年;选择年平均风速等于或接近 30 年年平均风速最大值 $\overline{V}_{max}$ 的年份,定义为最大值年;选择年平均风速等于或接近 30 年年平均风速最小值 $\overline{V}_{min}$ 的年份,定义为最小值年。若存在多个年平均风速等于或接近 $\overline{V}_{30}$(或 $\overline{V}_{max}$、$\overline{V}_{min}$)的年份,则选择最靠近 2000 年的年份。上述三个年份统称为风速"代表年",即年平均风速分别等于或接近 $\overline{V}_{30}$、$\overline{V}_{max}$、$\overline{V}_{min}$ 的 3 个年份,三个代表年的平均值为整体年平均值。

### 2.3.1 风的空间变化

#### 2.3.1.1 年平均风速分布

根据贵州省 85 个气象台站 1971—2000 年的累年年平均风速,间隔 0.5 m/s,绘制成贵州省年平均风速分布图,见图 2.1。

由图 2.1 可以看出,贵州省总体风速较小,平均风速西部最大,中部及西南部部分地区次之,其余地区风速较小。最大风速出现在毕节市的威宁及中部的平坝,其风速分别为 3.2 m/s、3.0 m/s,是全省两个风速达到 3.0 m/s 的台站;其次中部的贵阳、开阳及西南部的晴隆、兴义、兴仁风速也较大,分别为 2.7 m/s、2.8 m/s、2.8 m/s、2.6 m/s 和 2.2 m/s;其余地区风速则较小,尤其以黔西南地区的望谟、黔南地区的罗甸及铜仁市的沿河为最小,最小的沿河地区仅为

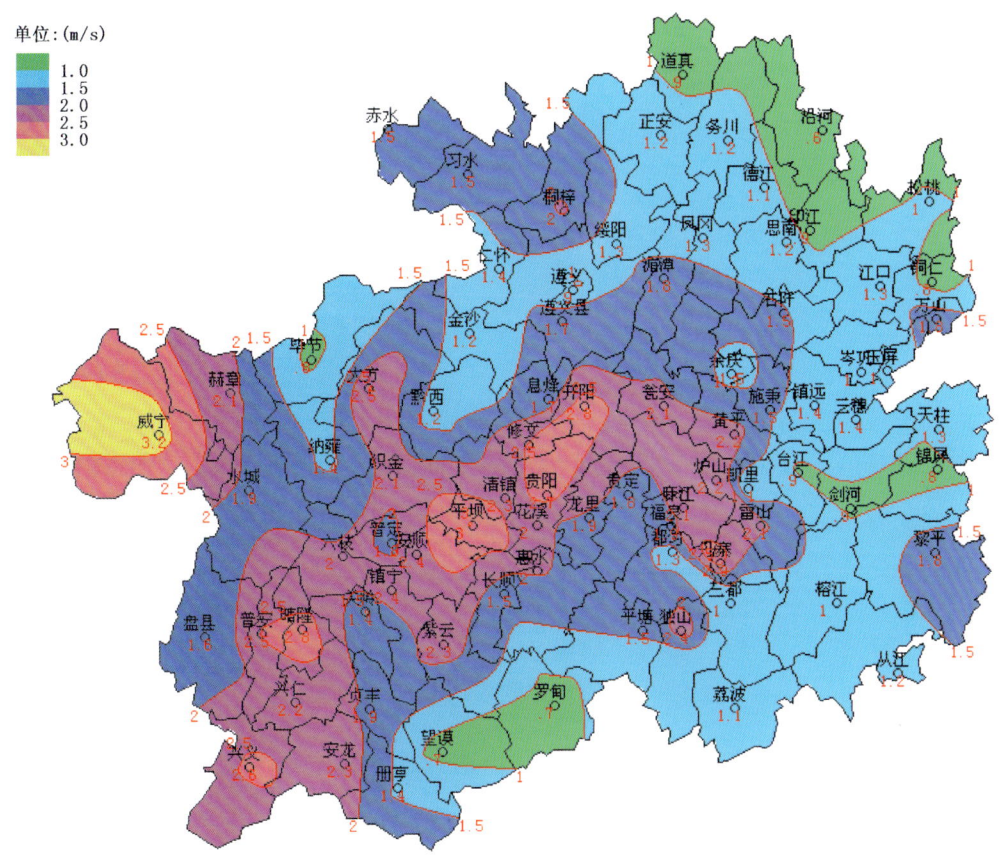

图 2.1 贵州省年平均风速分布图

0.6 m/s,这三个县也是贵州最热的地区。

对贵州省年平均风速分布图按等值线量级统计分析其面积大小及所占比率,结果风速 ≤1.0 m/s 的面积为 14665 km²,约占全省总面积的 8.3%;风速在 1.0～1.5 m/s 的面积为 62245 km²,约占全省总面积的 35.4%;1.5～2.0 m/s 的面积为 53986 km²,约占全省总面积的 30.1%;2.0～2.5 m/s 的面积为 33707 km²,约占全省总面积的 19.1%;2.5～3.0 m/s 的面积为 8904 km²,约占全省总面积的 5.1%;≥3.0 m/s 的面积为 2494 km²,约占全省总面积的 1.4%。从气象台站近 30 年的测风资料来看,全省年平均风速以 1.0～1.5 m/s 为最多。

#### 2.3.1.2 月平均风速分布

贵州省月平均风速分布见表 2.1。

表 2.1 贵州省月平均风速分布表(单位:m/s)

| 站名 | 站号 | 1 | 2 | 3 | 4 | 5 | 6 | 7 | 8 | 9 | 10 | 11 | 12(月) |
|---|---|---|---|---|---|---|---|---|---|---|---|---|---|
| *威宁 | 56691 | 3.1 | 3.3 | 4.0 | 3.5 | 3.6 | 3.2 | 2.7 | 2.8 | 2.7 | 2.8 | 3.0 | 3.2 |
| *水城 | 56693 | 1.9 | 2.2 | 2.4 | 2.3 | 2.1 | 2.0 | 1.9 | 1.6 | 1.5 | 1.7 | 1.8 | 2.0 |
| *盘县 | 56793 | 1.6 | 2.6 | 2.4 | 1.9 | 1.9 | 1.4 | 1.2 | 1.2 | 1.2 | 1.2 | 1.4 | 1.5 |
| *桐梓 | 57606 | 2.0 | 1.9 | 2.0 | 2.2 | 2.0 | 2.0 | 2.3 | 2.1 | 2.1 | 1.7 | 1.9 | 1.7 |
| *习水 | 57614 | 1.5 | 1.4 | 1.5 | 1.6 | 1.8 | 1.6 | 1.8 | 1.6 | 1.5 | 1.3 | 1.4 | 1.4 |

续表

| 站名 | 站号 | 1 | 2 | 3 | 4 | 5 | 6 | 7 | 8 | 9 | 10 | 11 | 12(月) |
|---|---|---|---|---|---|---|---|---|---|---|---|---|---|
| *沿河 | 57636 | 0.5 | 0.7 | 0.7 | 0.7 | 0.6 | 0.5 | 0.8 | 0.9 | 0.8 | 0.4 | 0.4 | 0.4 |
| *毕节 | 57707 | 0.5 | 0.5 | 1.0 | 1.0 | 1.1 | 0.9 | 0.9 | 0.8 | 0.7 | 0.6 | 0.7 | 0.6 |
| *遵义 | 57713 | 0.8 | 0.7 | 1.2 | 1.1 | 1.0 | 1.1 | 1.0 | 0.9 | 0.9 | 0.9 | 0.9 | 0.8 |
| *思南 | 57731 | 1.1 | 1.0 | 1.3 | 1.3 | 1.2 | 1.2 | 1.3 | 1.4 | 1.1 | 0.9 | 0.9 | 0.8 |
| *玉屏 | 57739 | 0.9 | 1.0 | 1.0 | 1.1 | 1.0 | 1.0 | 1.0 | 0.9 | 0.9 | 0.8 | 0.9 | 0.8 |
| *铜仁 | 57741 | 0.8 | 0.6 | 0.7 | 0.8 | 0.6 | 0.7 | 0.9 | 0.8 | 0.9 | 0.8 | 0.8 | 0.7 |
| *安顺 | 57806 | 2.4 | 2.6 | 3.1 | 2.7 | 2.8 | 2.3 | 2.4 | 2.3 | 1.8 | 2.0 | 2.2 | 2.4 |
| *六枝 | 57807 | 1.6 | 1.9 | 1.9 | 2.2 | 2.4 | 2.2 | 2.4 | 1.9 | 2.1 | 1.9 | 1.8 | 1.6 |
| *清镇 | 57813 | 2.4 | 2.5 | 2.7 | 2.4 | 2.5 | 2.0 | 2.4 | 1.9 | 1.9 | 2.1 | 2.2 | 2.2 |
| *贵阳 | 57816 | 2.5 | 2.5 | 2.5 | 2.6 | 2.5 | 2.3 | 2.8 | 2.5 | 2.9 | 3.2 | 2.6 | 2.8 |
| *凯里 | 57825 | 1.0 | 1.2 | 1.4 | 1.4 | 1.1 | 1.0 | 1.2 | 0.9 | 1.0 | 1.0 | 1.0 | 1.1 |
| *都匀 | 57827 | 1.3 | 1.7 | 1.6 | 1.5 | 1.4 | 1.2 | 1.3 | 1.2 | 1.1 | 1.2 | 1.1 | 1.4 |
| *三穗 | 57832 | 1.6 | 1.6 | 1.8 | 1.6 | 1.4 | 1.4 | 1.4 | 1.2 | 1.2 | 1.3 | 1.3 | 1.3 |
| *兴仁 | 57902 | 2.6 | 2.6 | 2.9 | 2.7 | 2.2 | 2.2 | 2.2 | 1.6 | 1.6 | 1.7 | 1.8 | 2.0 |
| *万山 | 57742 | 1.5 | 1.9 | 2.1 | 2.2 | 2.1 | 1.9 | 2.0 | 1.9 | 1.7 | 1.6 | 1.5 | 1.3 |
| 赫章 | 56598 | 2.2 | 2.5 | 2.9 | 2.6 | 2.2 | 1.9 | 1.7 | 1.4 | 1.6 | 1.9 | 2.1 | 2.1 |
| 普安 | 56792 | 2.5 | 3.1 | 3.7 | 3.2 | 2.6 | 2.2 | 2.1 | 1.8 | 1.8 | 2.0 | 2.1 | 2.2 |
| 赤水 | 57609 | 1.2 | 1.3 | 1.6 | 1.7 | 1.6 | 1.6 | 1.8 | 1.8 | 1.5 | 1.2 | 1.2 | 1.1 |
| 道真 | 57623 | 0.9 | 1.0 | 1.2 | 1.0 | 1.0 | 0.9 | 1.0 | 0.9 | 0.9 | 0.7 | 0.7 | 0.7 |
| 正安 | 57625 | 0.9 | 1.1 | 1.4 | 1.4 | 1.3 | 1.3 | 1.7 | 1.4 | 1.3 | 1.0 | 0.9 | 0.8 |
| 务川 | 57634 | 1.1 | 1.2 | 1.3 | 1.3 | 1.2 | 1.3 | 1.4 | 1.3 | 1.2 | 1.0 | 1.0 | 1.0 |
| 德江 | 57637 | 1.0 | 1.1 | 1.2 | 1.2 | 1.1 | 1.0 | 1.3 | 1.2 | 1.1 | 0.9 | 0.9 | 0.8 |
| 松桃 | 57647 | 0.9 | 1.0 | 1.2 | 1.2 | 1.1 | 1.1 | 1.4 | 1.1 | 1.0 | 0.9 | 0.8 | 0.8 |
| 大方 | 57708 | 2.0 | 2.2 | 2.6 | 2.7 | 2.8 | 2.5 | 2.9 | 2.6 | 2.6 | 2.5 | 2.5 | 2.2 |
| 仁怀 | 57710 | 0.9 | 1.1 | 1.5 | 1.6 | 1.6 | 1.6 | 2.0 | 1.6 | 1.6 | 1.3 | 1.1 | 1.0 |
| 金沙 | 57714 | 1.1 | 1.1 | 1.4 | 1.4 | 1.3 | 1.1 | 1.4 | 1.2 | 1.1 | 0.9 | 1.1 | 1.0 |
| 遵义县 | 57717 | 1.6 | 1.8 | 2.0 | 1.9 | 1.7 | 1.6 | 1.8 | 1.5 | 1.6 | 1.5 | 1.6 | 1.5 |
| 息烽 | 57718 | 1.3 | 1.5 | 1.9 | 1.9 | 1.9 | 1.8 | 2.3 | 1.6 | 1.6 | 1.4 | 1.3 | 1.3 |
| 开阳 | 57719 | 2.5 | 2.6 | 3.1 | 3.1 | 3.1 | 3.1 | 3.5 | 2.7 | 2.7 | 2.6 | 2.5 | 2.5 |
| 绥阳 | 57720 | 1.3 | 1.5 | 1.6 | 1.5 | 1.4 | 1.3 | 1.6 | 1.2 | 1.2 | 1.1 | 1.2 | 1.2 |
| 湄潭 | 57722 | 2.0 | 2.1 | 2.2 | 2.0 | 1.8 | 1.7 | 1.6 | 1.6 | 1.7 | 1.7 | 1.8 | 1.9 |
| 凤冈 | 57723 | 1.4 | 1.5 | 1.7 | 1.5 | 1.3 | 1.2 | 1.2 | 1.1 | 1.2 | 1.1 | 1.2 | 1.2 |
| 瓮安 | 57728 | 1.8 | 2.0 | 2.3 | 2.4 | 2.4 | 2.3 | 2.7 | 2.0 | 2.0 | 1.9 | 1.9 | 1.9 |
| 余庆 | 57729 | 1.1 | 1.3 | 1.5 | 1.4 | 1.4 | 1.4 | 1.7 | 1.3 | 1.2 | 1.1 | 1.1 | 1.0 |
| 塘头 | 57730 | 0.6 | 0.7 | 1.0 | 0.9 | 1.0 | 0.9 | 1.2 | 1.0 | 0.8 | 0.6 | 0.6 | 0.5 |
| 印江 | 57732 | 0.8 | 1.0 | 1.1 | 0.9 | 0.9 | 0.9 | 1.1 | 0.9 | 0.8 | 0.7 | 0.6 | 0.7 |
| 石阡 | 57734 | 1.3 | 1.4 | 1.6 | 1.6 | 1.5 | 1.6 | 1.8 | 1.5 | 1.4 | 1.3 | 1.2 | 1.3 |
| 岑巩 | 57735 | 0.9 | 1.0 | 1.1 | 1.0 | 1.0 | 1.0 | 1.1 | 1.0 | 1.0 | 1.0 | 0.8 | 0.9 |
| 江口 | 57736 | 1.4 | 1.5 | 1.5 | 1.4 | 1.3 | 1.2 | 1.4 | 1.3 | 1.4 | 1.3 | 1.2 | 1.3 |
| 施秉 | 57737 | 1.6 | 1.8 | 2.0 | 1.7 | 1.5 | 1.4 | 1.5 | 1.4 | 1.4 | 1.4 | 1.4 | 1.4 |
| 镇远 | 57738 | 1.5 | 1.7 | 1.7 | 1.5 | 1.3 | 1.2 | 1.3 | 1.2 | 1.3 | 1.3 | 1.4 | 1.4 |

续表

| 站名 | 站号 | 1 | 2 | 3 | 4 | 5 | 6 | 7 | 8 | 9 | 10 | 11 | 12(月) |
|---|---|---|---|---|---|---|---|---|---|---|---|---|---|
| 玉屏 | 57739 | 0.9 | 1.0 | 1.1 | 1.1 | 1.1 | 1.1 | 1.3 | 1.1 | 1.0 | 0.9 | 0.8 | 0.9 |
| 纳雍 | 57800 | 1.2 | 1.4 | 1.7 | 1.7 | 1.5 | 1.3 | 1.5 | 1.2 | 1.2 | 1.2 | 1.2 | 1.2 |
| 黔西 | 57803 | 1.0 | 1.1 | 1.4 | 1.4 | 1.4 | 1.3 | 1.7 | 1.2 | 1.1 | 1.0 | 1.0 | 1.0 |
| 织金 | 57805 | 2.2 | 2.2 | 2.5 | 2.3 | 2.2 | 2.0 | 2.1 | 1.6 | 1.8 | 2.0 | 2.0 | 2.2 |
| 普定 | 57808 | 1.7 | 1.9 | 2.2 | 2.1 | 2.0 | 1.9 | 2.0 | 1.5 | 1.5 | 1.7 | 1.6 | 1.7 |
| 镇宁 | 57809 | 2.1 | 2.4 | 2.7 | 2.8 | 2.8 | 2.6 | 2.7 | 2.0 | 2.0 | 2.1 | 2.1 | 2.1 |
| 修文 | 57811 | 2.3 | 2.6 | 2.9 | 2.9 | 2.8 | 2.7 | 3.1 | 2.1 | 2.1 | 2.1 | 2.1 | 2.2 |
| 平坝 | 57814 | 2.8 | 3.1 | 3.4 | 3.4 | 3.3 | 3.0 | 3.1 | 2.5 | 2.7 | 2.9 | 2.8 | 2.8 |
| 长顺 | 57818 | 1.4 | 1.5 | 1.7 | 1.7 | 1.7 | 1.4 | 1.5 | 1.2 | 1.3 | 1.4 | 1.4 | 1.3 |
| 福泉 | 57821 | 1.5 | 1.7 | 2.1 | 2.2 | 2.1 | 2.0 | 2.3 | 1.8 | 1.7 | 1.7 | 1.5 | 1.5 |
| 黄平 | 57822 | 2.3 | 2.6 | 2.8 | 2.4 | 2.2 | 2.0 | 2.0 | 1.7 | 1.9 | 2.0 | 2.1 | 2.2 |
| 旧州 | 57823 | 1.0 | 1.2 | 1.3 | 1.2 | 1.1 | 1.1 | 1.3 | 1.0 | 1.0 | 1.0 | 1.0 | 1.0 |
| 贵定 | 57824 | 1.8 | 2.0 | 2.3 | 2.1 | 2.0 | 1.8 | 2.0 | 1.5 | 1.5 | 1.6 | 1.6 | 1.7 |
| 炉山 | 57826 | 2.1 | 2.3 | 2.7 | 2.5 | 2.4 | 2.3 | 3.0 | 2.0 | 1.9 | 2.0 | 1.8 | 1.9 |
| 麻江 | 57828 | 1.9 | 2.2 | 2.4 | 2.4 | 2.3 | 2.2 | 2.6 | 1.9 | 1.9 | 1.9 | 1.8 | 1.8 |
| 丹寨 | 57829 | 2.9 | 3.1 | 3.3 | 3.2 | 3.1 | 2.9 | 2.9 | 2.4 | 2.5 | 2.8 | 2.7 | 2.8 |
| 台江 | 57834 | 0.7 | 0.9 | 1.1 | 1.2 | 1.1 | 1.0 | 1.2 | 0.9 | 0.9 | 0.8 | 0.8 | 0.7 |
| 剑河 | 57835 | 0.8 | 1.0 | 1.2 | 1.0 | 0.9 | 0.8 | 1.0 | 0.8 | 0.8 | 0.8 | 0.8 | 0.8 |
| 雷山 | 57837 | 2.0 | 2.3 | 2.6 | 2.5 | 2.3 | 2.2 | 2.5 | 1.7 | 1.7 | 1.9 | 1.8 | 1.8 |
| 黎平 | 57839 | 1.8 | 1.9 | 2.2 | 2.0 | 1.8 | 1.8 | 2.1 | 1.5 | 1.5 | 1.6 | 1.5 | 1.6 |
| 天柱 | 57840 | 1.3 | 1.4 | 1.5 | 1.4 | 1.3 | 1.2 | 1.4 | 1.1 | 1.2 | 1.1 | 1.1 | 1.2 |
| 锦屏 | 57844 | 0.5 | 0.6 | 0.8 | 0.9 | 0.8 | 0.9 | 1.2 | 1.0 | 0.9 | 0.7 | 0.6 | 0.6 |
| 晴隆 | 57900 | 2.3 | 2.7 | 3.1 | 3.3 | 3.2 | 3.0 | 3.2 | 2.6 | 2.7 | 2.7 | 2.6 | 2.3 |
| 关岭 | 57903 | 1.1 | 1.4 | 1.7 | 1.7 | 1.6 | 1.4 | 1.6 | 1.2 | 1.2 | 1.1 | 1.1 | 1.1 |
| 贞丰 | 57905 | 1.7 | 1.9 | 2.1 | 2.2 | 2.1 | 2.0 | 2.0 | 1.5 | 1.6 | 1.7 | 1.8 | 1.8 |
| 望谟 | 57906 | 0.6 | 0.8 | 1.0 | 0.9 | 0.8 | 0.7 | 0.7 | 0.6 | 0.6 | 0.6 | 0.5 | 0.6 |
| 兴义 | 57907 | 2.5 | 2.8 | 3.2 | 3.2 | 2.9 | 2.6 | 2.6 | 2.1 | 2.2 | 2.3 | 2.3 | 2.4 |
| 安龙 | 57908 | 2.4 | 2.7 | 2.9 | 2.8 | 2.5 | 2.2 | 2.1 | 1.8 | 1.9 | 2.1 | 2.1 | 2.2 |
| 册亨 | 57909 | 1.4 | 1.6 | 1.9 | 1.7 | 1.5 | 1.2 | 1.2 | 1.1 | 1.0 | 1.1 | 1.2 | 1.3 |
| 紫云 | 57910 | 2.4 | 2.6 | 2.8 | 2.8 | 2.7 | 2.2 | 2.1 | 1.8 | 2.0 | 2.2 | 2.1 | 2.2 |
| 惠水 | 57912 | 2.3 | 2.3 | 2.4 | 2.3 | 2.2 | 2.0 | 1.9 | 1.5 | 1.7 | 1.9 | 1.9 | 2.1 |
| 龙里 | 57913 | 1.9 | 2.2 | 2.4 | 2.2 | 2.0 | 1.8 | 2.0 | 1.6 | 1.5 | 1.7 | 1.7 | 1.8 |
| 花溪 | 57914 | 1.9 | 2.0 | 2.3 | 2.2 | 2.2 | 2.1 | 2.3 | 1.6 | 1.7 | 1.7 | 1.7 | 1.7 |
| 乌当 | 57915 | 2.1 | 2.3 | 2.5 | 2.4 | 2.1 | 2.0 | 2.1 | 1.6 | 1.7 | 1.9 | 1.9 | 1.9 |
| 罗甸 | 57916 | 0.7 | 0.9 | 1.1 | 1.0 | 0.8 | 0.6 | 0.6 | 0.5 | 0.5 | 0.5 | 0.5 | 0.5 |
| 平塘 | 57921 | 1.7 | 1.9 | 1.9 | 1.8 | 1.6 | 1.3 | 1.3 | 1.0 | 1.1 | 1.3 | 1.3 | 1.4 |
| 独山 | 57922 | 2.4 | 2.6 | 2.8 | 2.9 | 2.7 | 2.6 | 2.7 | 1.9 | 1.9 | 2.1 | 2.1 | 2.3 |
| 三都 | 57923 | 1.0 | 1.1 | 1.4 | 1.3 | 1.1 | 1.0 | 1.2 | 1.0 | 0.9 | 0.9 | 0.8 | 0.8 |
| 荔波 | 57926 | 1.4 | 1.5 | 1.6 | 1.3 | 1.1 | 0.9 | 0.8 | 0.8 | 0.9 | 1.0 | 1.0 | 1.1 |
| 榕江 | 57932 | 1.1 | 1.2 | 1.4 | 1.3 | 1.0 | 0.9 | 1.0 | 0.9 | 0.9 | 0.8 | 0.9 | 0.9 |
| 从江 | 57936 | 1.0 | 1.1 | 1.5 | 1.5 | 1.4 | 1.4 | 1.6 | 1.1 | 0.9 | 0.9 | 0.9 | 0.9 |

注：*台站风速为代表年整体风速。

从全省气象台站近30年的各月测风资料及部分台站三个代表年整体月平均风速来看,其分布规律与年平均风速一致,可以分为三个阶梯,各月风速仍以西部最大,中部及西南部海拔较高的晴隆、兴义、兴仁风速次之,其他地区风速较小。

全省最大风速多在2—5月出现,风速最大的威宁3月风速最高,达到4.0 m/s,其他风速较大的地区这几个月风速也在3.0 m/s左右;全省各月最小风速多在7—9月出现,风速最大的威宁7月和9月两月风速仅2.7 m/s,风速最小的沿河县最小风速月份却出现在10—12月,风速仅0.4 m/s。

#### 2.3.1.3 风速的季节分布

**表 2.2 贵州省平均风速的季节分布(单位:m/s)**

| 站名 | *威宁 | 水城 | *盘县 | 桐梓 | 习水 | *沿河 | *毕节 | 遵义 | *思南 | 玉屏 | *铜仁 | *安顺 | 六枝 |
|---|---|---|---|---|---|---|---|---|---|---|---|---|---|
| 春季 | 3.7 | 2.2 | 2.1 | 2.1 | 1.6 | 0.7 | 1.0 | 1.1 | 1.3 | 1.0 | 0.7 | 2.9 | 2.2 |
| 夏季 | 2.9 | 1.8 | 1.3 | 2.1 | 1.7 | 0.7 | 0.9 | 1.0 | 1.3 | 1.0 | 0.8 | 2.3 | 2.2 |
| 秋季 | 2.8 | 1.7 | 1.3 | 1.9 | 1.4 | 0.5 | 0.7 | 0.9 | 1.0 | 0.9 | 0.8 | 2.0 | 1.9 |
| 冬季 | 3.2 | 2.0 | 1.9 | 1.9 | 1.4 | 0.5 | 0.5 | 0.8 | 1.0 | 0.9 | 0.7 | 2.5 | 1.7 |

| 站名 | *清镇 | *贵阳 | *凯里 | *都匀 | *三穗 | *兴仁 | *万山 | 赫章 | 普安 | 赤水 | 道真 | 正安 | 务川 |
|---|---|---|---|---|---|---|---|---|---|---|---|---|---|
| 春季 | 2.5 | 2.5 | 1.3 | 1.5 | 1.6 | 2.6 | 2.1 | 2.6 | 3.2 | 1.6 | 1.1 | 1.4 | 1.3 |
| 夏季 | 2.1 | 2.5 | 1.0 | 1.2 | 1.3 | 2.0 | 1.9 | 1.7 | 1.7 | 0.9 | 1.5 | 1.3 |
| 秋季 | 2.1 | 2.5 | 1.0 | 1.1 | 1.3 | 1.7 | 1.6 | 1.9 | 2.0 | 1.3 | 0.8 | 1.1 | 1.1 |
| 冬季 | 2.4 | 2.6 | 1.1 | 1.5 | 1.5 | 2.4 | 1.4 | 2.3 | 2.6 | 1.2 | 0.9 | 1.1 |

| 站名 | 德江 | 松桃 | 大方 | 仁怀 | 金沙 | 遵义县 | 息烽 | 开阳 | 绥阳 | 湄潭 | 凤冈 | 瓮安 | 余庆 |
|---|---|---|---|---|---|---|---|---|---|---|---|---|---|
| 春季 | 1.2 | 1.2 | 2.7 | 1.6 | 1.4 | 1.9 | 1.9 | 3.1 | 1.5 | 1.2 | 1.5 | 2.4 | 1.4 |
| 夏季 | 1.2 | 1.2 | 2.7 | 1.7 | 1.2 | 1.6 | 1.9 | 3.1 | 1.4 | 1.6 | 1.2 | 2.3 | 1.5 |
| 秋季 | 1.0 | 0.9 | 2.5 | 1.3 | 1.0 | 1.6 | 1.4 | 2.6 | 1.2 | 1.7 | 1.2 | 1.9 | 1.1 |
| 冬季 | 1.0 | 0.9 | 2.1 | 1.0 | 1.1 | 1.6 | 1.4 | 2.5 | 1.3 | 2.0 | 1.4 | 1.9 | 1.1 |

| 站名 | 塘头 | 印江 | 石阡 | 岑巩 | 江口 | 施秉 | 镇远 | 玉屏 | 纳雍 | 黔西 | 织金 | 普定 |
|---|---|---|---|---|---|---|---|---|---|---|---|---|
| 春季 | 1.0 | 1.0 | 1.6 | 1.4 | 1.1 | 1.4 | 1.5 | 1.3 | 1.6 | 1.4 | 2.3 | 2.1 |
| 夏季 | 1.0 | 1.0 | 1.6 | 1.0 | 1.3 | 1.4 | 1.2 | 1.2 | 1.5 | 1.4 | 2.3 | 1.8 |
| 秋季 | 0.7 | 0.7 | 1.3 | 0.9 | 1.1 | 1.2 | 1.2 | 0.9 | 1.3 | 1.0 | 1.9 | 1.6 |
| 冬季 | 0.6 | 0.8 | 1.3 | 0.9 | 1.4 | 1.2 | 1.5 | 0.9 | 1.3 | 1.0 | 2.2 | 1.8 |

| 站名 | 镇宁 | 修文 | 平坝 | 长顺 | 福泉 | 黄平 | 旧州 | 贵定 | 炉山 | 麻江 | 丹寨 | 台江 |
|---|---|---|---|---|---|---|---|---|---|---|---|---|
| 春季 | 2.8 | 2.9 | 3.4 | 1.7 | 2.1 | 2.5 | 1.2 | 2.1 | 2.5 | 2.4 | 3.2 | 1.1 |
| 夏季 | 2.4 | 2.6 | 2.9 | 1.4 | 2.0 | 1.9 | 1.1 | 1.8 | 2.4 | 2.2 | 2.7 | 1.0 |
| 秋季 | 2.1 | 2.1 | 2.8 | 1.2 | 1.4 | 2.0 | 1.0 | 1.6 | 1.9 | 1.9 | 2.7 | 0.8 |
| 冬季 | 2.2 | 2.4 | 2.9 | 1.4 | 1.6 | 2.4 | 1.1 | 1.8 | 2.1 | 2.0 | 2.9 | 0.8 |

| 站名 | 剑河 | 雷山 | 黎平 | 天柱 | 锦屏 | 晴隆 | 关岭 | 贞丰 | 望谟 | 兴义 | 安龙 | 册亨 |
|---|---|---|---|---|---|---|---|---|---|---|---|---|
| 春季 | 1.0 | 2.5 | 2.0 | 1.4 | 0.8 | 3.2 | 1.7 | 2.1 | 0.9 | 3.1 | 2.7 | 1.7 |
| 夏季 | 0.9 | 2.1 | 1.8 | 1.2 | 0.7 | 2.9 | 1.4 | 1.8 | 0.7 | 2.4 | 2.1 | 1.2 |
| 秋季 | 0.8 | 1.8 | 1.5 | 1.1 | 0.7 | 2.7 | 1.1 | 1.7 | 0.6 | 2.3 | 2.0 | 1.1 |
| 冬季 | 0.9 | 2.0 | 1.8 | 1.3 | 0.6 | 2.4 | 1.2 | 1.8 | 0.7 | 2.6 | 2.4 | 1.4 |

续表

| 站名 | 紫云 | 惠水 | 龙里 | 花溪 | 乌当 | 罗甸 | 平塘 | 独山 | 三都 | 荔波 | 榕江 | 从江 |
|------|------|------|------|------|------|------|------|------|------|------|------|------|
| 春季 | 2.8 | 2.3 | 2.2 | 2.2 | 2.3 | 1.0 | 1.8 | 2.8 | 1.3 | 1.3 | 1.2 | 1.5 |
| 夏季 | 2.0 | 1.8 | 1.8 | 2.0 | 1.9 | 0.6 | 1.2 | 2.4 | 1.1 | 0.8 | 0.9 | 1.4 |
| 秋季 | 2.1 | 1.8 | 1.6 | 1.7 | 1.8 | 0.5 | 1.2 | 2.0 | 0.9 | 1.0 | 0.9 | 0.9 |
| 冬季 | 2.4 | 2.2 | 2.0 | 1.9 | 2.1 | 0.7 | 1.7 | 2.4 | 1.0 | 1.3 | 1.1 | 1.0 |

注：* 台站风速为代表年整体风速。

从表 2.2 平均风速的季节分布来看，全省大部分地区春季风速明显大于其他季节，最大风速仍然出现在威宁站，其值为 3.7 m/s，威宁其他季节的风速分别是夏季 2.9 m/s、秋季 2.8 m/s、冬季 3.2 m/s。春季次大风速出现在平坝站，风速为 3.4 m/s，该站其他季节平均风速在 2.8～2.9 m/s。全省风速最小的季节不是很明显，但总体来看，大部分地区多是春冬季节风速大于夏秋季节。

### 2.3.2 年平均风速

贵州省 1971—2000 年年平均风速为 1.7 m/s，但风速有减小趋势。20 世纪 70—80 年代风速普遍偏大，除 1977 年风速为 1.6 m/s 外，各年年平均风速均达到或超过累年年平均风速 1.7 m/s，但从 1991 年起，除 1993 年风速达到 1.7 m/s 外，各年年平均风速均小于 1.7 m/s，逐年风速连续处于平均值以下。30 年中，年平均风速最大为 1.8 m/s，均在 70—80 年代出现，最小风速为 1.4 m/s，在 1999 年及 2000 年出现（图 2.2）。贵州省各年代年平均风速的变化情况（表 2.3），由表可以看到，20 世纪 90 年代是风速最小的时期。其原因可能有两个方面：一是，在全球气候变暖背景下，东亚季风有所减弱，而贵州处于东亚季风区，季风系统的减弱使贵州地区经向流场减弱，导致地面风速相应减小；二是，由于经济的发展，城市化现象加剧，通过向郊区、农村扩展，城市面积越来越扩大，使得原本建立在郊区、人口相对较少的气象站逐步纳入城市的地理范畴，城市建筑和复杂的下垫面环境，使气象站对风观测的代表性存在了疑问。

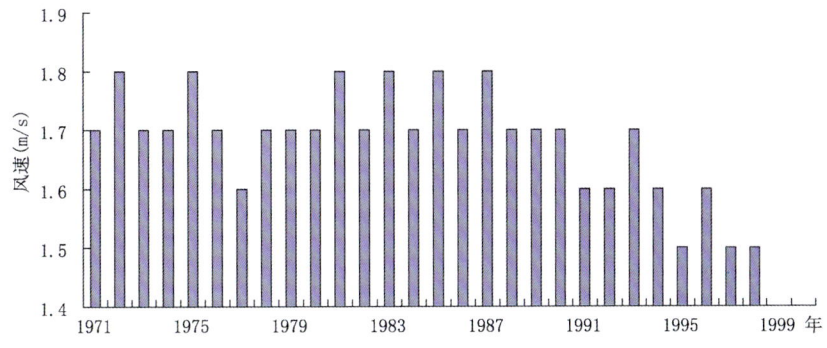

图 2.2　贵州省平均风速的年变化图

表 2.3　贵州省各年代年平均风速统计表（单位：m/s）

| 年代 | 70 年代<br>(1971—1980 年) | 80 年代<br>(1981—1990 年) | 90 年代<br>(1991—2000 年) |
|------|------|------|------|
| 风速 | 1.7 | 1.7 | 1.5 |

### 2.3.3 风速的月季变化

贵州省春季(3—5月)风速最大,风速为1.9 m/s,其中,3月风速达到2.0 m/s,为各月最大;夏季(6—8月)次之,风速为1.7 m/s;冬季(12月至翌年2月)则为1.6 m/s;秋季风速最小,为1.5 m/s。夏末到冬初(8—12月),各月风速最小,月平均风速均为1.5 m/s。见图2.3和表2.4。

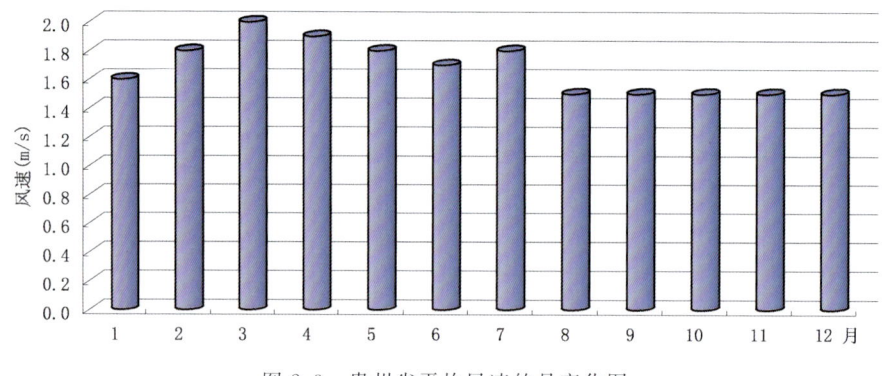

图2.3 贵州省平均风速的月变化图

表2.4 贵州省各季年平均风速统计表(单位:m/s)

| 季节 | 春季 | 夏季 | 秋季 | 冬季 |
| --- | --- | --- | --- | --- |
| 风速 | 1.9 | 1.7 | 1.5 | 1.6 |

### 2.3.4 风速的日变化

贵州省风速有着明显的日变化(图2.4),就平均状况而言,最大风速时段不是白天出现,而是处于傍晚,傍晚风速明显大于白天。夜间和中午(02—13时)的逐时平均风速均不足1.5 m/s,20时的风速最大,达到2.4 m/s。10—11时风速为1.1 m/s,为全天最小,风速平均日较差为1.3 m/s。对于山区风速的日变化,风速往往是午后增大,傍晚达到最大,随后减小。

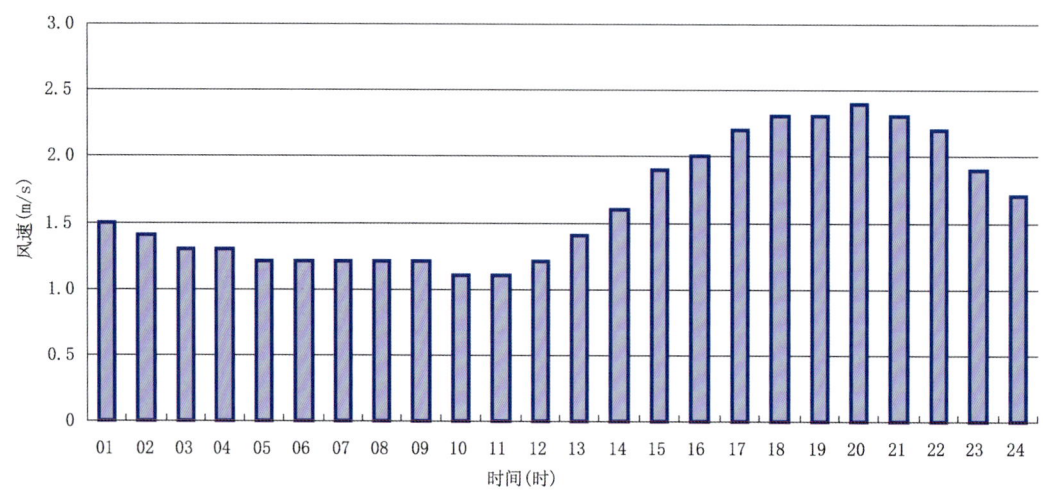

图2.4 贵州省风速的日变化图

从贵州风速的日变化来看,从 12 时起风速开始逐时增大,并在 20 时达到最大,随后风速开始减弱,10—11 时风力最弱。贵州风速的这种日变化主要是由于山区地形复杂,且地形垂直差异明显,太阳对地表的辐射加热不均匀所引起的。

### 2.3.5 最大风速的变化

贵州省 1971—2000 年最大风速有着明显减小的趋势,其整体下降趋势与年平均风速的减小基本同步。1977 年全省平均最大风速最大,为 14.0 m/s;风速最小年为 1999 年,平均最大风速仅为 8.9 m/s(图 2.5)。

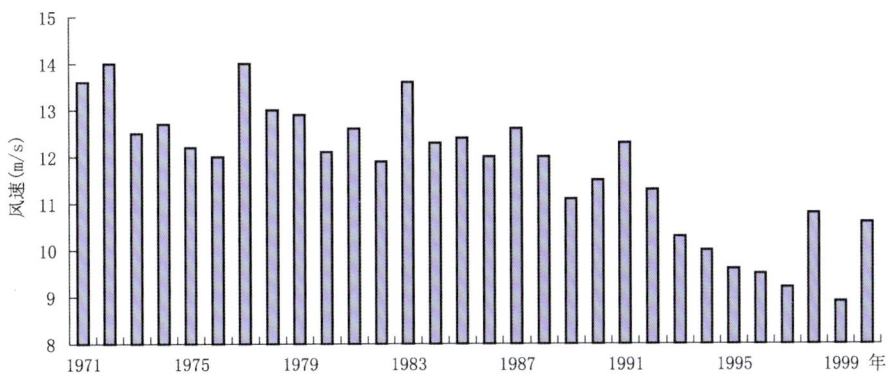

图 2.5 贵州省最大风速的年变化图

表 2.5 显示了贵州省各年代年平均最大风速的变化情况,可以看到,从 20 世纪 70—90 年代,平均最大风速依次递减,70—80 年代,平均最大风速递减为 0.7 m/s,而在 80—90 年代,风速递减则达到 1.9 m/s。年平均最大风速也同样说明,90 年代是贵州风速最小的时期。

表 2.5 贵州省各年代最大风速统计表

| 年代 | 70 年代<br>(1971—1980 年) | 80 年代<br>(1981—1990 年) | 90 年代<br>(1991—2000 年) |
| --- | --- | --- | --- |
| 风速(m/s) | 12.9 | 12.2 | 10.3 |

### 2.3.6 风向频率与风速频率

#### 2.3.6.1 风向频率

全省有逐时风观测的台站风向频率及风速频率计算结果见表 2.6:

表 2.6 测站代表年整体平均风向频率(保留 4 位小数×10000,取整)(单位:%)

| 测站名 | 风向 | | | | | | | | | | | | | | | | |
| --- | --- | --- | --- | --- | --- | --- | --- | --- | --- | --- | --- | --- | --- | --- | --- | --- | --- |
| | N | NNE | NE | ENE | E | ESE | SE | SSE | S | SSW | SW | WSW | W | WNW | NW | NNW | C |
| 威宁 | 1838 | 855 | 197 | 78 | 228 | 307 | 1880 | 1194 | 1131 | 466 | 515 | 135 | 102 | 49 | 234 | 616 | 177 |
| 水城 | 420 | 529 | 356 | 158 | 523 | 2090 | 2345 | 714 | 209 | 66 | 85 | 79 | 269 | 472 | 463 | 410 | 811 |
| 盘县 | 533 | 732 | 1447 | 1017 | 255 | 192 | 175 | 203 | 478 | 1064 | 1014 | 548 | 186 | 50 | 55 | 97 | 1953 |
| 桐梓 | 323 | 400 | 949 | 655 | 816 | 602 | 1161 | 881 | 724 | 107 | 462 | 374 | 758 | 87 | 301 | 87 | 1313 |

续表

| 测站名 | 风向 | | | | | | | | | | | | | | | | |
|---|---|---|---|---|---|---|---|---|---|---|---|---|---|---|---|---|---|
| | N | NNE | NE | ENE | E | ESE | SE | SSE | S | SSW | SW | WSW | W | WNW | NW | NNW | C |
| 习水 | 326 | 533 | 1139 | 492 | 419 | 747 | 602 | 166 | 175 | 237 | 980 | 235 | 801 | 470 | 957 | 396 | 1323 |
| 沿河 | 294 | 364 | 565 | 412 | 386 | 247 | 370 | 335 | 362 | 342 | 429 | 395 | 365 | 145 | 175 | 246 | 4569 |
| 毕节 | 406 | 388 | 488 | 194 | 661 | 949 | 1046 | 91 | 146 | 35 | 111 | 104 | 137 | 173 | 436 | 275 | 4359 |
| 遵义 | 672 | 521 | 627 | 281 | 475 | 433 | 856 | 391 | 502 | 231 | 190 | 101 | 136 | 77 | 248 | 380 | 3878 |
| 思南 | 1209 | 442 | 1732 | 201 | 633 | 117 | 647 | 135 | 1093 | 153 | 360 | 37 | 74 | 15 | 369 | 191 | 2589 |
| 玉屏 | 635 | 773 | 934 | 1378 | 1714 | 409 | 187 | 138 | 152 | 207 | 322 | 519 | 456 | 157 | 140 | 216 | 1664 |
| 铜仁 | 978 | 887 | 841 | 387 | 391 | 184 | 374 | 335 | 614 | 86 | 237 | 36 | 74 | 39 | 93 | 37 | 4407 |
| 安顺 | 419 | 431 | 2605 | 561 | 914 | 254 | 861 | 238 | 2042 | 316 | 408 | 64 | 93 | 47 | 121 | 81 | 547 |
| 六枝 | 475 | 236 | 169 | 250 | 340 | 1246 | 2468 | 1245 | 858 | 160 | 133 | 99 | 106 | 351 | 379 | 728 | 755 |
| 清镇 | 715 | 1140 | 1392 | 1142 | 545 | 460 | 712 | 1065 | 509 | 465 | 310 | 160 | 130 | 149 | 170 | 369 | 567 |
| 贵阳 | 652 | 800 | 1790 | 1207 | 1106 | 436 | 422 | 513 | 919 | 762 | 361 | 100 | 87 | 66 | 156 | 217 | 406 |
| 凯里 | 1344 | 827 | 1222 | 557 | 761 | 129 | 107 | 53 | 352 | 261 | 504 | 108 | 102 | 47 | 330 | 184 | 3112 |
| 都匀 | 1763 | 729 | 959 | 178 | 199 | 240 | 779 | 540 | 1066 | 178 | 95 | 26 | 45 | 65 | 315 | 871 | 1951 |
| 三穗 | 1901 | 1386 | 1001 | 240 | 507 | 279 | 363 | 190 | 387 | 144 | 259 | 182 | 218 | 174 | 355 | 291 | 2123 |
| 兴仁 | 419 | 157 | 1710 | 462 | 2077 | 467 | 1026 | 204 | 610 | 207 | 699 | 131 | 448 | 105 | 156 | 51 | 1072 |
| 万山 | 480 | 759 | 1353 | 1685 | 1423 | 529 | 712 | 578 | 404 | 219 | 168 | 135 | 155 | 103 | 282 | 238 | 776 |

由表 2.6 可见，各站频率较高的风向多为偏南或偏北。全省风速最大的威宁站，其最大风向频率为东南风，其次为北风，20 个测站最大风向频率为安顺盛行的东北风，其频率为 26.05%，该站南风频率也达到了 20.42%，均和我省春冬季节盛行风向吻合。风向频率超过 20% 的还有水城的东南风，为 23.45%，东南东风，20.90%，六枝的东南风，24.68%，兴仁的东风，20.77%。

各站静风频率威宁最小，仅为 1.77%，而风速最小的沿河静风频率高达 45.69%，全年几乎有一半的时间为静风，可见，静风频率能直接反映一个台站的风资源状况，风资源越差的台站，其静风频率往往更高。

#### 2.3.6.2 风速频率

以 1.0 m/s 为一个风速区间，统计各代表年测风序列中每个风速区间内风速出现的频率，同样平均后得到各站代表年整体平均风速频率，如表 2.7，可以看出，全省风速较小，风速主要集中在小于 2.6 m/s 的区间，但也有部分台站出现较多大于 2.6 m/s 的风速，威宁站最多，达到 62.20%，其次为贵阳站的 47.20%，安顺站的 43.13%，清镇站的 42.20%。各站大于 10.6 m/s 的风速出现不多，几乎没有出现大于 14.6 m/s 的风速，故未在表中列出风速大于 14.6 m/s 以上的区间。

表 2.7 测站代表年整体平均风速频率(保留 4 位小数×10000,取整)(单位:%)

| 测站名 | 风速(m/s) | | | | | | | | | | | | | | |
|---|---|---|---|---|---|---|---|---|---|---|---|---|---|---|---|
| | <0.5 | 0.6~1.5 | 1.6~2.5 | 2.6~3.5 | 3.6~4.5 | 4.6~5.5 | 5.6~6.5 | 6.6~7.5 | 7.6~8.5 | 8.6~9.5 | 9.6~10.5 | 10.6~11.5 | 11.6~12.5 | 12.6~13.5 | 13.6~14.5 |
| 威宁 | 381 | 1185 | 2214 | 2529 | 1871 | 1002 | 459 | 187 | 93 | 43 | 19 | 11 | 4 | 1 | 1 |
| 水城 | 1537 | 2768 | 2552 | 1719 | 888 | 353 | 133 | 35 | 9 | 4 | 1 | 0 | 0 | 0 | 0 |
| 盘县 | 3079 | 2591 | 1932 | 1113 | 613 | 337 | 179 | 87 | 47 | 17 | 5 | 1 | 0 | 0 | 0 |
| 桐梓 | 2175 | 2274 | 2113 | 1697 | 1038 | 473 | 163 | 48 | 11 | 3 | 1 | 1 | 0 | 0 | 0 |
| 习水 | 2275 | 3004 | 2856 | 1304 | 428 | 106 | 24 | 2 | 1 | 0 | 0 | 0 | 0 | 0 | 0 |
| 沿河 | 5858 | 2736 | 1062 | 254 | 67 | 16 | 4 | 4 | 0 | 0 | 0 | 0 | 0 | 0 | 0 |
| 毕节 | 5837 | 2117 | 1279 | 566 | 163 | 32 | 4 | 0 | 1 | 1 | 0 | 0 | 0 | 0 | 0 |
| 遵义 | 5045 | 2442 | 1611 | 603 | 185 | 64 | 28 | 13 | 7 | 2 | 0 | 0 | 0 | 0 | 0 |
| 思南 | 3813 | 2963 | 2191 | 712 | 208 | 76 | 23 | 8 | 2 | 1 | 1 | 0 | 0 | 0 | 0 |
| 玉屏 | 3265 | 4619 | 1712 | 327 | 61 | 11 | 4 | 1 | 0 | 0 | 0 | 0 | 0 | 0 | 0 |
| 铜仁 | 5515 | 2539 | 1412 | 385 | 115 | 25 | 6 | 1 | 0 | 0 | 0 | 0 | 0 | 0 | 0 |
| 安顺 | 836 | 1580 | 3271 | 2476 | 1142 | 487 | 144 | 46 | 12 | 4 | 3 | 0 | 0 | 0 | 0 |
| 六枝 | 1298 | 2537 | 2844 | 1958 | 958 | 297 | 80 | 19 | 6 | 2 | 1 | 0 | 0 | 0 | 0 |
| 清镇 | 1030 | 2035 | 2715 | 2323 | 1198 | 494 | 150 | 41 | 14 | 1 | 0 | 0 | 0 | 0 | 0 |
| 贵阳 | 713 | 1716 | 2851 | 2304 | 1280 | 622 | 267 | 124 | 67 | 34 | 13 | 5 | 2 | 2 | 0 |
| 凯里 | 4010 | 2820 | 1944 | 830 | 265 | 100 | 26 | 4 | 0 | 0 | 0 | 0 | 0 | 0 | 0 |
| 都匀 | 2898 | 3129 | 2581 | 989 | 299 | 73 | 24 | 7 | 0 | 0 | 0 | 0 | 0 | 0 | 0 |
| 三穗 | 3132 | 2398 | 2456 | 1454 | 430 | 102 | 22 | 4 | 2 | 0 | 0 | 0 | 0 | 0 | 0 |
| 兴仁 | 1622 | 2152 | 2702 | 1822 | 894 | 430 | 190 | 91 | 49 | 25 | 10 | 9 | 3 | 1 | 1 |
| 罗甸 | 7157 | 1797 | 795 | 181 | 47 | 14 | 8 | 0 | 0 | 1 | 0 | 0 | 0 | 0 | 0 |
| 万山 | 1371 | 2771 | 3271 | 1786 | 604 | 152 | 34 | 7 | 2 | 0 | 0 | 0 | 0 | 0 | 0 |

注:大于 14.6 m/s 以上风速区间均为 0。

# 第3章 贵州基于实地考察及观测的风能资源评估

一个地区风能资源的多寡,有无可开发潜力,具体衡量的标准是大量长期而又科学可靠的风的观测资料及统计分析结果。为此,我国沿海及"三北"等风力资源相对丰富的地区建立了大量的梯度站及测风塔,获取了大量长期有效的梯度风观测资料。贵州属山区内陆省份,普遍认为风能资源相对贫乏,一直以来风能开发相关研究甚少,风能开发利用的研究也大都限于气象台站所观测的资料。风这一气象要素是不连续的,尤其受地形地势的影响较大,复杂地形下,气象台站观测的测风资料不能很好地代表整个地区的风资源状况,因此,复杂地形开展实地考察及观测具有必要性。同时,由于测风站建设所需经费较大,风电开发前期工作不可能处处设塔,针对性地进行风能资源实地考察及观测,初步确定风电开发重点区域,对复杂地形风能资源评估极为重要。

## 3.1 复杂地形下风能资源实地考察及观测技术方法

风能资源实地考察及观测的技术方法是对调查点进行实地踏勘,获得交通状况、地形地貌、植被生长形态、坡度、面积、海拔等基本信息,并与气象台站进行风向风速的对比观测,然后综合各种因素对各调查点进行分析、比较。主要目的是通过大量的调查,花费较少的经费和时间,初步掌握风能资源开发利用可能性及开发重点区域分布,为测风自动气象站建设、测风塔建设寻找地点,进而确定风电预场址,为下一步风能资源详查及风电场建设可行性论证工作的开展提供参考对象。

贵州风电开发测风实践表明,基于测风自动站风能资源评估的方法具有良好的适用性,可避免盲目建塔造成的损失,同时可为决策层及开发业主提供详实可靠的资源数据。该方法推选出来的贵州省33个风能资源详查大都获得了开展风电开发前期工作许可,四格风电场一期工程是贵州首个通过风电开发可行性论证的工程,韭菜坪风电场一期是全省第一个部分建成投产的风电场,发电效益显著。

## 3.2 风能资源实地考察

2003年初,中国做出了改变我国能源结构,大力发展风电的决策。2004年,"贵州省风能资源评价"项目实施,为全省大规模的风能资源调查提供了基础保障。2004年2月、4—5月,

2005年4月,贵州风能资源评价项目组组织开展了三次全省性风能资源实地考察及观测。2004年2月的第一次实地考察和观测主要集中在毕节地区的威宁县和六盘水市的盘县。2004年4—5月,气象部门在全省范围内进行了第二次风能资源调查,全省多年年平均风速大于2.0 m/s的30个县(市)均在调查范围,各县(市)按所属主要风口,选定一个以上调查点进行现场踏勘及风向风速的观测,并对调查点信息、调查项目、观测时间、观测仪器检定等做出了规定。2005年4月,第三次风能资源实地调研工作完成,此次调查的重点主要是省的中部及南部的主要高地台地,包括龙里草场、平坝县羊昌大坡、普定县普屯坝、镇宁县镇宁山等。

通过三次风能资源实地调查及观测工作初步确定了可能具备建立大型风电场的场址以及可建立测风自动气象站具体位置(表3.1),为下一步进行梯度塔测风提供了科学依据。同时,根据调查结果,绘制了贵州省10 m高度多年年平均风速估算图(图3.1),得出贵州风能资源具有一定开发潜力,风能资源分布西部较东部丰富的结论,完成了《贵州省风能资源调查报告》。

表3.1　贵州省风能资源丰富调查点信息表

| 地点 | 项目 | | | |
| --- | --- | --- | --- | --- |
| | 经度(°E) | 纬度(°N) | 海拔(m) | 测点年风速(m/s) |
| 盘县四格乡国营坡上牧场 | 104°37′38″ | 26°11′11″ | 2605 | 6.0 |
| 龙里县龙里乡龙里草场 | 106°54′42″ | 26°24′15″ | 1600 | 5.6 |
| 平坝羊昌乡黄土桥 | 106°11′00″ | 26°21′00″ | 1251 | 5.6 |
| 威宁百草坪 | 104°26′45″ | 27°04′03″ | 2600 | 6.0 |
| 威宁五里岗 | 104°16′44″ | 26°56′30″ | 2150 | 6.0 |
| 威宁灼圃草场 | 104°00′55″ | 27°04′23″ | 2450 | 6.0 |

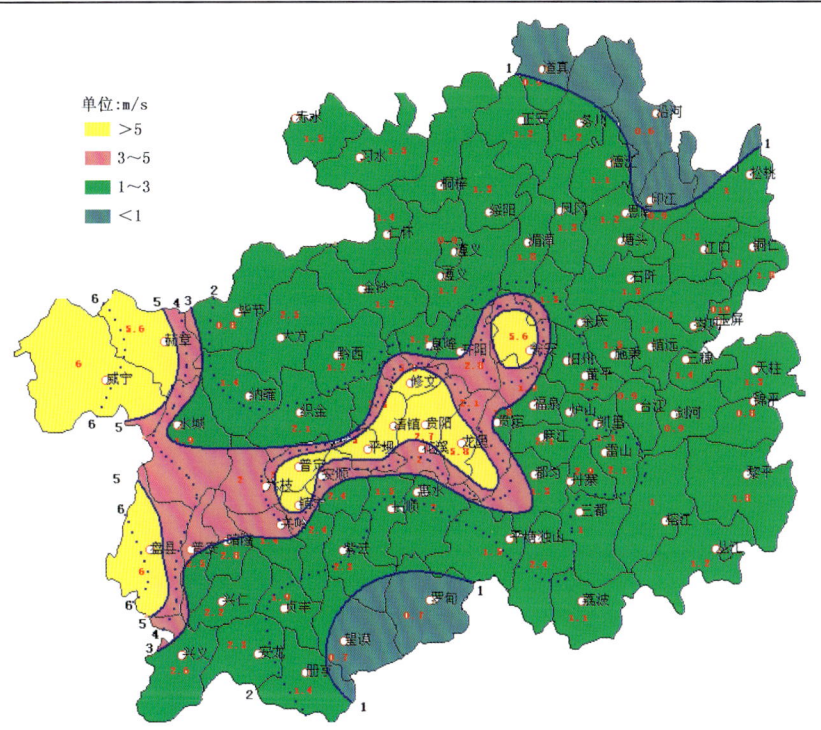

图3.1　贵州省10 m多年年平均风速估算图

2006年7月,贵州省气象部门联合水电顾问集团贵阳勘测设计研究院,对气象部门组织建设的全省33个风能资源详查站,以及开发新的风电场场址进行了为期一周的现场踏勘,进一步了解贵州省风能资源状况以及拟规划建设风电场的建设条件,同时为风电场工程规划提供了基础资料,加快了贵州风能资源开发进程。2006年以来,各风电开发企业单位和相关设计单位采用风能资源实地考察和观测的方法,在贵州省境内建立了100余座测风梯度塔,112个风力发电项目得到批复,同意其开展风电开发的前期工作。

## 3.3 评估参数及技术方法

### 3.3.1 风能资源总储量

$$风能资源总储量 = \frac{1}{100}\sum_{i=1}^{n}S_iP_i$$

式中,$n$ 为风功率密度等级数;$S_i$ 为年平均风功率密度分布图中各风功率密度等值线间面积;$P_i$ 为各风功率密度等值线间区域的风功率代表值,其中:

$P_1=10$ W/m²(10 W/m² 区域风功率密度代表值);
$P_2=17.5$ W/m²(10~25 W/m² 区域风功率密度代表值);
$P_3=37.5$ W/m²(25~50 W/m² 区域风功率密度代表值);
$P_4=62.5$ W/m²(50~75 W/m² 区域风功率密度代表值);
$P_5=87.5$ W/m²(75~100 W/m² 区域风功率密度代表值);
>100 W/m² 以上,根据需要 $P_i$ 以 50 W/m² 间隔递增。

### 3.3.2 风能资源技术可开发量

风能资源技术开发量为年平均风功率密度在 150 W/m² 及以上的区域风能资源储量值×0.785。

### 3.3.3 风电场选址标准

表 3.2 是国内风电场标准。

**表 3.2 国内风电场标准(GB/T 18710—2002)**

| 风电场等级 | 10 m 高度 | | 50 m 高度 | |
| --- | --- | --- | --- | --- |
| | 风功率密度(W/m²) | 年平均风速(m/s) | 风功率密度(W/m²) | 年平均风速(m/s) |
| 1 | <100 | 4.4 | <200 | 5.6 |
| 2 | 100~150 | 5.1 | 200~300 | 6.4 |
| 3 | 150~200 | 5.6 | 300~400 | 7.0 |
| 4 | 200~250 | 6.0 | 400~500 | 7.5 |
| 5 | 250~300 | 6.4 | 500~600 | 8.0 |
| 6 | 300~400 | 7.0 | 600~800 | 8.8 |
| 7 | 400~500 | 9.4 | 800~2000 | 11.9 |

根据近几年来国内外大型风电场建设运行现状和未来发展趋势以及国内风电场选址、建设的实际操作需要,参考有关文献,综合分析贵州省风能资源的自然状况和开发利用技术的发展,提出贵州省风电场选址标准,见表3.3。

表 3.3　贵州省风电场选址标准

| | 丰富区 | 可开发区 | 潜在可开发区 | 潜在可利用区 |
|---|---|---|---|---|
| 10 m 风功率密度(W/m²) | 250 | 150～250 | 100～150 | 50～100 |
| 10 m 年平均风速(m/s) | 6.2 | 5.6～6.1 | 4.5～5.5 | 4.0～4.4 |

## 3.4　风能资源评估案例

2006年5月至2008年10月,贵州省发展和改革委员会及各级地方政府经费支持的"贵州省风能资源观测点风能详查"工作完成,工作内容是根据前期的风能资源评价成果,在六盘水钟山区大湾镇韭菜坪、盘县红果镇老黑山、威宁县百草坪、赫章县大坪子等33个点设立了风能资源详查站(图3.2),开展了两年的风能资源观测,编制了33份风能资源评价报告。

图 3.2　贵州省33个风能资源详查站点分布图

各详查站风能资源评估统计数据显示,全省33个风能资源详查站总代表面积约577.7 km²,10 m高度风能资源总储量为 $53.11\times10^4$ kW,技术可开发量为 $16.74\times10^4$ kW(年风功率密度≥150 W/m²);贵州风能资源可开发利用区(风速>5.0 m/s)主要集中在海拔1500 m以上的高地台地,其中又以2000 m以上区域为主。从空间地域分布来看,西部远多于中部及南部,风能资源可开发区(风速≥5.6 m/s,年风功率密度≥150 W/m²)主要集中在毕节市和六盘水市。

### 3.4.1 盘县四格乡国营坡上牧场

盘县四格乡国营坡上牧场，位于东经104°37.64′，北纬26°11.186′，平均海拔约2605 m。2005年，"贵州风能资源评价"项目组通过实地考察调研及观测，将该区域作为全省风能资源重点推荐区域，并于2005年1月建立了测风自动气象站。

初步评估结果显示，四格乡国营坡上牧场10 m高度年平均风速为5.9 m/s，年平均风功率密度为187.5 W/m²，年有效时数为7343 h，全年主风向为WSW，风向频率达到22.24%，其风能占风能总量的43.50%。全年大于3.6 m/s以上的风速，占总数的76.42%。以上参数表明，四格乡国营坡上牧场具有丰富的风能资源，达到了风能资源丰富区的指标（表3.4）。

表3.4 盘县四格乡国营坡上牧场风功率密度计算参数表

| 月,年 | 月平均风速 (m/s) | 风功率密度 (W/m²) | 月平均温度 (℃) | 月平均气压 (hPa) | 月平均水汽压 (hPa) | 月平均空气密度 (kg/m³) |
|---|---|---|---|---|---|---|
| 1月 | 7.7 | 318.8 | 2.6 | 761.0 | 6.8 | 0.9586 |
| 2月 | 7.7 | 388.5 | 3.6 | 759.5 | 6.3 | 0.9535 |
| 3月 | 7.7 | 349.4 | 4.7 | 761.9 | 8.2 | 0.9519 |
| 4月 | 6.0 | 238.4 | 9.5 | 761.2 | 10.6 | 0.9337 |
| 5月 | 6.5 | 227.2 | 14.0 | 757.2 | 13.0 | 0.9131 |
| 6月 | 3.9 | 41.0 | 14.1 | 756.9 | 18.4 | 0.9100 |
| 7月 | 5.4 | 106.9 | 14.7 | 758.8 | 18.5 | 0.9103 |
| 8月 | 3.9 | 50.9 | 13.6 | 759.1 | 18.1 | 0.9144 |
| 9月 | 4.5 | 75.6 | 11.9 | 763.7 | 16.2 | 0.9263 |
| 10月 | 4.8 | 88.8 | 9.3 | 765.9 | 13.8 | 0.9387 |
| 11月 | 6.0 | 169.9 | 5.9 | 764.1 | 10.3 | 0.9495 |
| 12月 | 6.5 | 195.0 | 1.0 | 765.0 | 7.7 | 0.9689 |
| 全年 | 5.9 | 187.5 | 8.7 | 761.2 | 12.3 | 0.9357 |

### 3.4.2 威宁县百草坪

威宁百草坪，位于东经104°26′45″，北纬27°04′03″，平均海拔约2600 m。

评估时段为2006年10月至2007年9月。该区域风速有效小时数为7637 h，10 m高度10 min年平均风速为6.3 m/s，年平均风功率密度为196.4 W/m²（图3.3），总体属于风能资源可开发区到丰富区之间，风能资源达到了建设大中型风电场要求。

### 3.4.3 钟山区韭菜坪

评估时段为2006年8月至2007年7月。该区域风速有效小时数为7541 h，10 m高度10 min年平均风速为7.2 m/s，年平均风功率密度为337.5 W/m²（图3.4），总体属于风能资源丰富区，风能资源达到了建设大中型风电场要求。

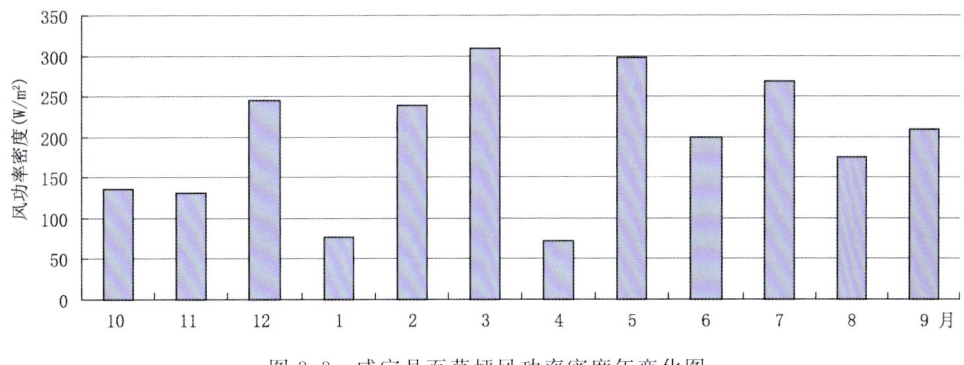

图 3.3　威宁县百草坪风功率密度年变化图

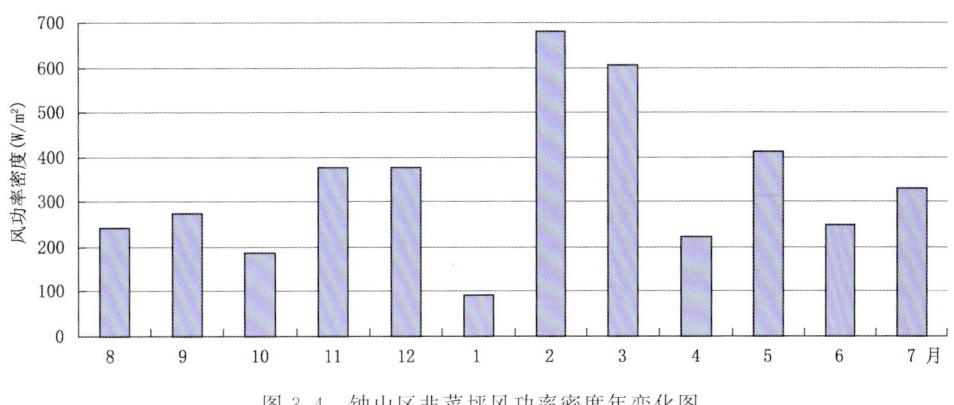

图 3.4　钟山区韭菜坪风功率密度年变化图

根据钟山区韭菜坪风功率密度日变化（图 3.5）可看出，风功率密度日变化在 249.5～395.0 W/m² 之间。

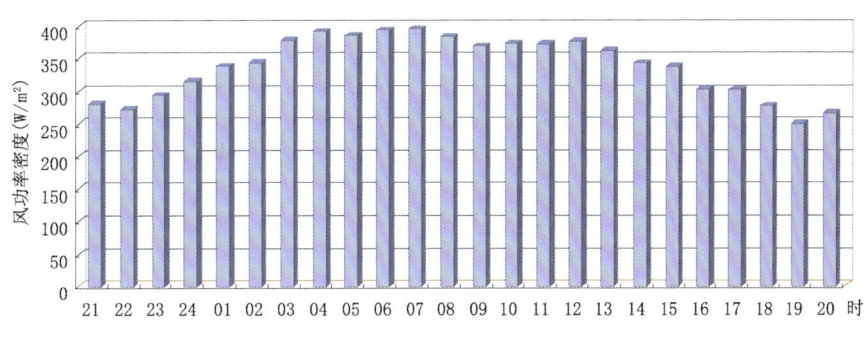

图 3.5　钟山区韭菜坪风功率密度日变化图

# 第 4 章　贵州复杂地形下的风能资源综合评估

无论是基于气象站点多年气象观测资料，还是基于实地考察观测、测风自动站以及测风梯度塔资料，所得出的评估结果均为单点，无法获取复杂地形下区域风能资源。只有真正摸清各风机轮毂高度潜在的、可开发的风能资源分布，才能为制定风电发展规划提供更加科学合理的依据。从基础理论上讲，建立在对边界层大气动力和热力运动的数学物理描述基础上的数值模拟方法要优于仅仅依赖气象站观测数据的空间插值方法；从实际应用上来看，数值模拟方法可以得到较高分辨率的风能资源空间分布，可以更精确地确定可开发风能资源的面积和风机轮毂高度的可开发风能储量，更好地为风电开发的中长期规划和风电场建设提供科学依据。在国内外现有的风能资源评估的技术手段和实践经验基础上，应用数值模拟技术，综合各种观测资料，进行风能资源的综合评估，是确定复杂地形风能资源行之有效的方法。

为进一步摸清贵州省风能资源及其分布，在专业观测网建设（现场观测）、数值模拟、数据库建设等专项工作基础上，2011 年，贵州省风能资源详查和评估工作完成。

## 4.1　风能资源观测网建设

### 4.1.1　测风塔设置

根据已有的风能资源普查和评估结果，在贵州省具有风能开发潜力并具备大型风电场基本建设条件的地区，选取确定了黔南、六盘水、毕节 3 个风资源详查区，设置建设 6 座风能资源观测塔，其中含 70 m 高测风塔 5 座，100 m 高测风塔 1 座，建立起贵州省风能资源专业观测网，开展长期观测，以满足风能资源开发利用的需要。

根据国家发展和改革委员会《关于风能资源详查区域和风能资源专业观测网方案的批复》（发改能源[2007]3031 号）和中国气象局下发的《测风塔选址技术指南》要求，经过详细的现场勘察，选定了贵州省 6 个测风塔位置（图 4.1）。每个测风塔的定位力求能够代表所在区域的风况特征，并尽量避开基本农田、经济林地、自然保护区、风景名胜区、矿产压覆区、墓地、居民点、军事禁区、规划项目建设区等不适宜建设风电场的区域。

贵州省 3 个详查区 6 座测风塔分布情况见图 4.2～图 4.4。

# 第 4 章 贵州复杂地形下的风能资源综合评估

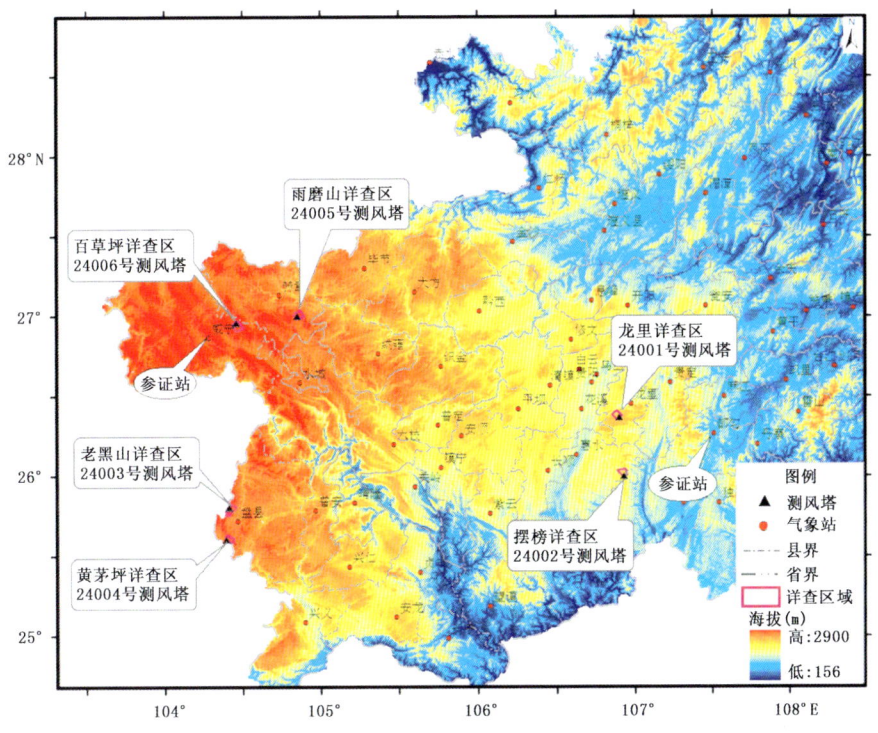

图 4.1 贵州省风资源精查布局示意图

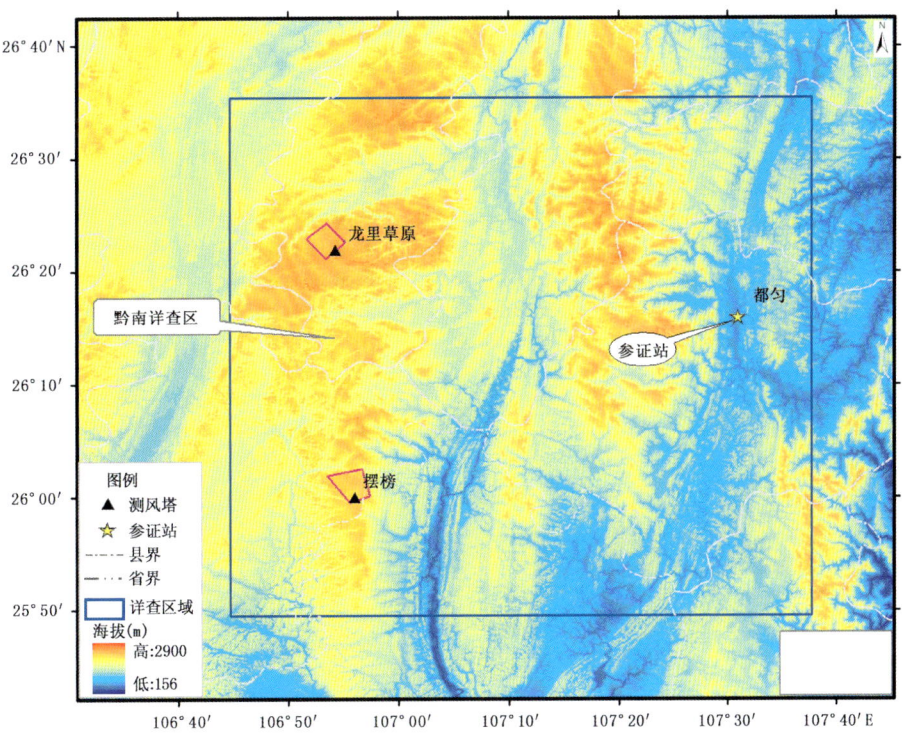

图 4.2 黔南详查区测风塔位置示意图

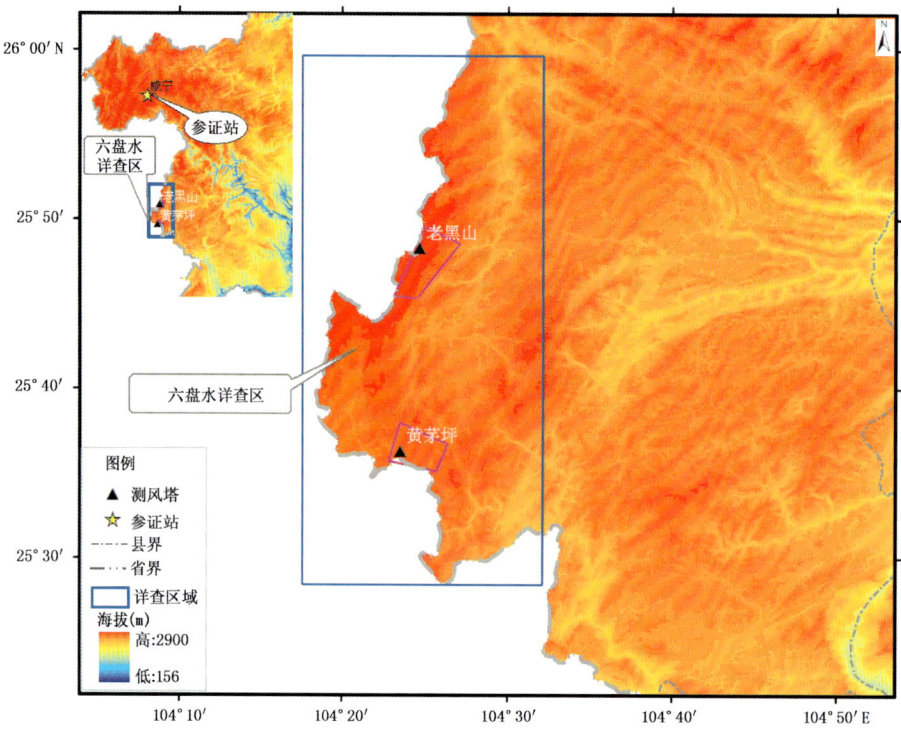

图 4.3　六盘水详查区测风塔位置示意图

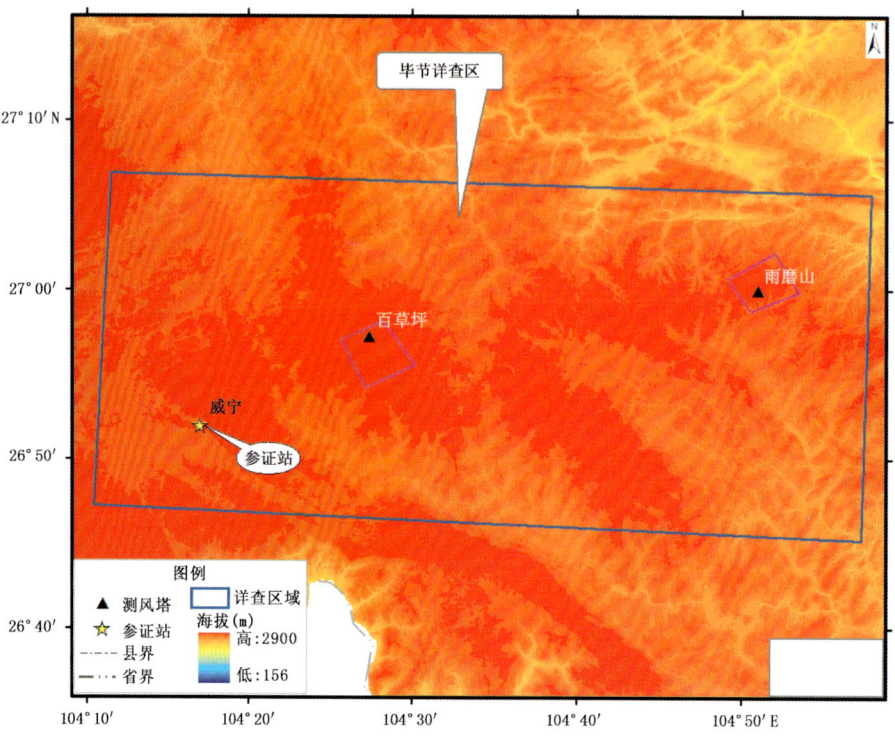

图 4.4　毕节详查区测风塔位置示意图

根据国家标准(GB/T 18709—2002 风电场风能资源测量方法)和国家发展和改革委员会下发的《风电场风能资源测量和评估技术规定》要求,结合当前主要风力发电机机型、风机轮毂高度以及未来风机发展趋势,并考虑各地气候特征和风能资源评估技术发展需要,确定各类测风塔仪器观测层次和设置。

(1)70 m 测风塔

——风速传感器安装在 10 m、30 m、50 m 和 70 m 高度;

——风向传感器安装在 10 m、50 m 和 70 m 高度;

——温湿度传感器安装在 10 m 和 70 m 高度;

——气压传感器安装在 8.5 m 高度。

(2)100 m 测风塔

——风速传感器安装在 10 m、30 m、50 m、70 m 和 100 m 高度;

——风向传感器安装在 10 m、50 m、70 m 和 100 m 高度;

——温湿度传感器安装在 10 m 和 70 m 高度;

——气压传感器安装在 8.5 m 高度。

贵州省各测风塔设置情况见表 4.1。

表 4.1 贵州省测风塔设置一览表

| 详查区名称 | 测风塔名称 | 测风塔编号 | 塔高(m) | 海拔高度(m) | 经度(°E) | 纬度(°N) | 风速层次(m) | 风向层次(m) | 温湿度层次(m) | 气压层次(m) |
|---|---|---|---|---|---|---|---|---|---|---|
| 黔南详查区 | 龙里草原 | 24001 | 70 | 1623.0 | 106°54′42″ | 26°24′15″ | 10,30,50,70 | 10,50,70 | 10,70 | 8.5 |
| | 惠水摆榜 | 24002 | 70 | 1483.0 | 106°56′08″ | 26°00′00″ | 10,30,50,70 | 10,50,70 | 10,70 | 8.5 |
| 六盘水详查区 | 盘县老黑山 | 24003 | 70 | 2598.0 | 104°24′44″ | 25°48′19″ | 10,30,50,70,100 | 10,50,70,100 | 10,70 | 8.5 |
| | 盘县黄茅坪 | 24004 | 100 | 2162.0 | 104°23′33″ | 25°36′19″ | 10,30,50,70 | 10,50,70 | 10,70 | 8.5 |
| 毕节详查区 | 赫章雨磨山 | 24005 | 70 | 2313.0 | 104°51′00″ | 27°00′00″ | 10,30,50,70 | 10,50,70 | 10,70 | 8.5 |
| | 威宁百草坪 | 24006 | 70 | 2697.0 | 104°27′27″ | 26°57′17″ | 10,30,50,70 | 10,50,70 | 10,70 | 8.5 |

## 4.1.2 观测仪器性能

根据国家相关规范提出的要求,确定风能观测仪器技术性能指标见表 4.2。

表 4.2 传感器技术性能表

| 测量要素 | 测量范围 | 分辨力 | 准确度 | 平均时间 | 采样速率 |
|---|---|---|---|---|---|
| 风速 | 0~60 m/s(强风仪:0~90 m/s) | 0.1 m/s | ±(0.5+0.03 V)m/s | 3 s<br>1 min<br>2 min | 1次/s |
| 风向 | 0°~360° | 3° | ±5° | 10 min | |

续表

| 测量要素 | 测量范围 | 分辨力 | 准确度 | 平均时间 | 采样速率 |
|---|---|---|---|---|---|
| 温度 | −50～+50℃ | 0.1℃ | ±0.2 ℃ | 1 min | 6 次/min |
| 湿度 | 0～100% | 1% | ±4%(≤80%)<br>±8%(>80%) | 1 min | 6 次/min |
| 气压 | 500～1100 hPa | 0.1 hPa | ±0.3 hPa | 1 min | 6 次/min |

经过多方面的考察和比选,通过统一招标,确定了中国华云技术开发公司(简称华云公司)和江苏省无线电科学研究所有限公司(简称无锡公司)两家仪器供应商。按照中国气象局的统一部署,贵州省测风塔采用华云公司生产CAWS1000-GSW型风能观测系统。观测仪器性能见表4.3。

表4.3a VAISALA公司的HMP45D型温湿度传感器性能一览表

| 温度传感器 | |
|---|---|
| 工作温度 | −40～60℃ |
| 滤膜 | 0.2 μm聚四氟乙烯膜 |
| 电能消耗 | <4 mA |
| 供电电压 | 7～35 VDC |
| 稳定时间 | 0.15 s |
| 湿度传感器 | |
| 量　程 | 0～100%无凝 |
| 输出电压信号 | 0.008～1 VDC |
| 精度(在20℃) | ±2%RH(0～90%相对湿度)、±3%RH(90%～100%相对湿度) |
| 温度相关 | ±0.05%RH/℃ |
| 典型长期稳定性 | RH变化<1%/a |
| 响应时间(20℃,90%) | 15s |

表4.3b PTB220型数字气压传感器性能一览表

| 工作温度 | −40～+60 ℃ |
|---|---|
| 测量范围 | 500～1100 hPa |
| 存储温度 | −60～+60℃ |
| 分辨率 | 0.1 hPa |
| 精度 | ±0.3 hPa |
| 初始化 | 1s |
| 响应 | 300 ms |
| 电源 | 10～30 VDC |

表 4.3c  ZQZ-TF 型风向风速传感器性能一览表

| 项目 | 风速 | 风向 |
|---|---|---|
| 起动风速 | ≤0.5 m/s | ≤0.5 m/s |
| 测量范围 | 0～75 m/s | 0～360° |
| 准确度 | ±(0.3+0.03 V)m/s 全量程 | ±2.5° |
| 分辨力 | 0.1 m/s | 2.5/模拟量时取决于采集器 |
| 距离常数 | ≤2.5 m | / |
| 阻尼比 | / | ≥0.4 |
| 输出信号形式 | 脉冲频率 | 七位格雷码/模拟量 |
| 最大回转半径 | 107 mm | 410 mm |
| 重量 | 0.64 kg | 0.94 kg |
| 最大高度 | 267 mm | 349 mm |
| 抗风强度 | ≥75 m/s | ≥75 m/s |
| 工作电压 | 直流 5 V(12 V 可选) | 直流 5 V(12 V 可选) |
| 环境温度 | −40～+55℃ | −40～+55℃ |
| 环境湿度 | 0～100%RH | 0～100%RH |

表 4.3d  XFY3 型旋桨式强风传感器性能一览表

| 测量要素 | 测量范围 | 测量准确度 |
|---|---|---|
| 风速 | (1～90)m/s 起动风速:<0.8 m/s | ±(0.5+0.03 V)m/s |
| 风向 | (0～360)° | ±5° |
| 电源 | 8～16 VDC | |
| 尺寸重量 | 旋桨直径:180 mm    长×高:550 mm×278 mm    重量:2 kg | |

## 4.2 数据处理

根据相关规范要求,从各塔建塔至 2010 年 12 月 31 日所有观测资料中,选取连续 12 个月(1 年度)数据有效完整率最高时段的观测数据,作为测风塔观测年度风能资源参数计算的"样本数据"。全省风能观测网 6 个塔中,有 5 个塔的"样本数据"观测时段为 2009 年 5 月 1 日—2010 年 4 月 30 日,1 个塔为 2010 年 1 月 1 日—2010 年 12 月 31 日(图 4.4)。

表 4.4  各测风塔观测资料使用时段

| 详查区名称 | 测风塔名称 | 测风塔编号 | 资料使用时段（年.月—年.月） |
|---|---|---|---|
| 黔南详查区 | 龙里草原测风塔 | 24001 | 2009.5—2010.4 |
|  | 惠水摆榜测风塔 | 24002 | 2009.5—2010.4 |
| 六盘水详查区 | 盘县老黑山测风塔 | 24003 | 2009.5—2010.4 |
|  | 盘县黄茅坪测风塔 | 24004 | 2009.5—2010.4 |

续表

| 详查区名称 | 测风塔名称 | 测风塔编号 | 资料使用时段<br>（年.月—年.月） |
|---|---|---|---|
| 毕节详查区 | 赫章雨磨山测风塔 | 24005 | 2010.1—2010.12 |
| | 威宁百草坪测风塔 | 24006 | 2009.5—2010.4 |

#### 4.2.1 参证气象站数据

由于测风塔观测资料时段较短，其统计参数不能代表当地的多年平均状况，根据相关规范要求，需要在测风塔周边区域内选择合适的国家气象站，并利用其历史和同期观测资料在相关性检验基础上，进行序列延长或对比计算分析，选定的国家气象站称为参证气象站，简称参证站。

依据《(GB/T 18710—2002)风电场风能资源评估方法》、《(QX/T 74—2007)风电场气象观测及资料审核、订正技术规范》等规范，参证站选择至少需要满足以下条件：

(1) 气象站的测风环境基本保持长年不变；
(2) 气象站所处的地理位置、气候特性等应与测风塔的代表地区相似；
(3) 气象站历史测风数据年限要达到20年以上。

依据以上要求，综合考察各个测风塔附近多个国家气象站后，选取了2个站（表4.5）作为参证气象站。

#### 4.2.2 风能观测数据的质量检验

##### 4.2.2.1 仪器精度控制

观测仪器在进入现场安装之前，均由观测仪器供应商进行测试和检定，中国气象局气象探测中心对观测仪器进行检定抽检；为确保观测仪器的准确性，风能观测网观测运行满一年度后，又对所有测风塔上的风速、风向传感器进行了年度检测，并根据检测结果对观测数据进行了修正。

##### 4.2.2.2 数据完整性检验

对观测记录进行完整性审查，给出逐月和年度数据的完整性描述，以数据完整率表示：

$$数据完整率 = \frac{应测数据量 - 缺测数据量 - 无效数据量}{应测数据量} \times 100\% \quad (4.1)$$

##### 4.2.2.3 数据合理性检验

(1) 一般检验：0 m/s≤风速≤75 m/s，

0°≤逐时风向≤360°，或者以16个方位之一表示；

(2) 特殊检验：对于梯度观测数据，根据各观测层数据的一致性、合理性进行审查、判断；对同时段各测风塔观测数据的一致性、合理性进行审查、判断；

(3) 根据重大天气过程如：强冷空气、热带气旋等天气特征要素时空分布的合理性进行判断。

第4章 贵州复杂地形下的风能资源综合评估

表4.5 参证站测风沿革

| 站名（区站号） | 时间 | 经度（°E） | 纬度（°N） | 测场海拔高度（m） | 风仪高度（m） | 测风仪型号 | 观测方式 | 地址 |
|---|---|---|---|---|---|---|---|---|
| 威宁气象站（56691） | 1943.12.31—1950.12.31 | 104°15′ | 26°43′ | 2270.0 | 11.3 | 维尔德测风仪（轻型） | 逐时 | 威宁县城关镇武庙后院 |
| | 1951.1.1—1953.12.27 | 104°15′ | 26°51′ | 2316.5 | 11.3 | 维尔德测风仪（轻型） | 逐时 | 威宁县南门路34号 |
| | 1953.12.28—1963.12.31 | 104°15′ | 26°51′ | 2234.5 | 11.3 | 维尔德测风仪（轻型） | 逐时 | 威宁县南门内黄泥坡 |
| | 1964.1.1—1965.3.31 | 104°15′ | 26°51′ | 2234.5 | 11.8 | EL型电接风向风速计 | 逐时 | 威宁县南门内黄泥坡 |
| | 1965.4.1—1976.12.31 | 104°17′ | 26°52′ | 2234.5 | 11.8 | EL型电接风向风速计 | 逐时 | 威宁县西门内观音庙 |
| | 1977.1.1—1988.8.31 | 104°17′ | 26°52′ | 2237.5 | 12.4 | EL型电接风向风速计 | 逐时 | 威宁县西门内观音庙 |
| | 1988.9.1—1992.4.30 | 104°17′ | 26°52′ | 2237.5 | 10.7 | EL型电接风向风速计 | 逐时 | 威宁县西门内观音庙 |
| | 1992.5.1—1999.12.31 | 104°17′ | 26°52′ | 2237.5 | 10.7 | EN型测风数据处理仪 | 逐时 | 威宁县西门内观音庙 |
| | 2000.1.1至今 | 104°17′ | 26°52′ | 2237.5 | 10.0 | EN型测风数据处理仪 | 逐时 | 威宁县草海镇县府路112号 |
| 都匀气象站（57827） | 1957.1.1—1965.10.31 | 107°31′ | 26°52′ | 815.0 | 10.8 | 维尔德测风仪（轻型） | 逐时 | 都匀县迎恩区迎恩乡小堡小山头 |
| | 1965.11.1—1968.12.1 | 107°31′ | 26°52′ | 760.0 | 10.8 | 维尔德测风仪（轻型） | 逐时 | 都匀市文化路 |
| | 1968.12.2—1973.4.9 | 107°31′ | 26°52′ | 760.0 | 10.5 | EL型电接风向风速计 | 逐时 | 都匀市文化路 |
| | 1973.4.10—1982.12.31 | 107°31′ | 26°52′ | 775.1 | 10.5 | EL型电接风向风速计 | 逐时 | 都匀市文化路25号 |
| | 1983.1.1—1992.11.30 | 107°31′ | 26°52′ | 785.0 | 10.5 | EN型测风数据处理仪 | 逐时 | 都匀市文化路25号 |
| | 1992.12.1—2006.12.31 | 107°31′ | 26°52′ | 786.0 | 10.5 | EN型测风数据处理仪 | 逐时 | 都匀市文化路25号 |
| | 2007.1.1至今 | 107°32′ | 26°19′ | 969.1 | 10.5 | EN型测风数据处理仪 | 逐时 | 都匀市七星山 |

4.2.2.4 数据检验结果

现场测风数据质量检验结果显示,"样本数据"观测年度,有 3 个测风塔的数据有效完整率达 90%以上,3 个测风塔的数据有效完整率大于 70%以上,各测风塔缺测主要是由于太阳能电池板电压过低、采集器及传感器故障、仪器安装错位恢复、传感器凝冻、采集器和电源控制器因雷击损坏等原因造成。各塔有效数据完整率见表 4.6。

表 4.6 各测风塔各高度数据缺测一览表

| 详查区名称 | 测风塔名称（编号） | 测风塔高度（m） | 有效数据完整率（%） | 累计缺测时数（h） |
|---|---|---|---|---|
| 黔南详查区 | 龙里草原测风塔（24001） | 10 | 93.26 | 590 |
| | | 30 | 92.81 | 630 |
| | | 50 | 86.22 | 1207 |
| | | 70 | 92.12 | 690 |
| | 惠水摆榜测风塔（24002） | 10 | 99.47 | 46 |
| | | 30 | 98.40 | 140 |
| | | 50 | 99.06 | 82 |
| | | 70 | 98.21 | 157 |
| 六盘水详查区 | 盘县老黑山测风塔（24003） | 10 | 75.98 | 2104 |
| | | 30 | 75.91 | 2110 |
| | | 50 | 76.23 | 2082 |
| | | 70 | 76.44 | 2064 |
| | | 100 | 67.89 | 2813 |
| | 盘县黄茅坪测风塔（24004） | 10 | 93.53 | 567 |
| | | 30 | 93.77 | 546 |
| | | 50 | 84.03 | 1399 |
| | | 70 | 93.29 | 588 |
| 毕节详查区 | 赫章雨磨山测风塔（24005） | 10 | 78.53 | 1881 |
| | | 30 | 78.72 | 1864 |
| | | 50 | 78.79 | 1858 |
| | | 70 | 78.32 | 1899 |
| | 威宁百草坪测风塔（24006） | 10 | 88.77 | 984 |
| | | 30 | 73.11 | 2356 |
| | | 50 | 89.46 | 923 |
| | | 70 | 89.18 | 948 |

4.2.3 缺测和无效数据的插补订正

根据气象统计学理论,对测风塔缺测和无效数据进行插补订正,具体方法为:利用需要插补订正的测风塔已有的观测数据,与同塔其他高度层或相邻测风塔或者相应参证站同时段的观测资料进行相关分析，在满足统计样本数量的前提下，进行相关计算和检验。

采用检验统计量 $F$ 来检验相关系数的可靠性：

$$F = R^2 / \frac{1-R^2}{n-2} \tag{4.2}$$

式中，$R$ 为相关系数，$n$ 为样本量，通过给定 0.01 的显著性水平 $\alpha$，检验 $F$ 值，检验结果见表 4.7。

根据《(QX/T 74—2007)风电场气象观测及资料审核、订正技术规范》推荐的方法，选取同期观测时段内的日平均风速样本，采用比值法计算出订正系数 $k$（表 4.7），则可以利用参证塔（或参证站）的完整风速数据推算出缺测数据。

表 4.7 被订正的测风塔与参证测风塔（或参证站）相关性检验结果

| 详查区名称 | 测风塔名称（编号） | 测风高度（m） | $R$ | $n$ | $F$ | $\alpha$ | $k$ |
|---|---|---|---|---|---|---|---|
| 黔南详查区 | 龙里草原测风塔（24001） | 10 | 0.694 | 340 | 314.561 | 0.01 | 1.615 |
| | | 30 | 0.691 | 338 | 306.663 | 0.01 | 1.789 |
| | | 50 | 0.664 | 310 | 243.407 | 0.01 | 1.918 |
| | | 70 | 0.646 | 335 | 238.900 | 0.01 | 1.897 |
| | 惠水摆榜测风塔（24002） | 10 | 0.743 | 362 | 444.645 | 0.01 | 1.468 |
| | | 30 | 0.741 | 358 | 433.524 | 0.01 | 1.567 |
| | | 50 | 0.726 | 362 | 401.646 | 0.01 | 1.706 |
| | | 70 | 0.747 | 357 | 448.365 | 0.01 | 1.649 |
| 六盘水详查区 | 盘县老黑山测风塔（24003） | 10 | 0.540 | 272 | 111.407 | 0.01 | 2.342 |
| | | 30 | 0.542 | 272 | 112.286 | 0.01 | 2.533 |
| | | 50 | 0.541 | 273 | 112.320 | 0.01 | 2.609 |
| | | 70 | 0.537 | 274 | 110.074 | 0.01 | 2.736 |
| | | 100 | 0.540 | 240 | 97.766 | 0.01 | 2.898 |
| | 盘县黄茅坪测风塔（24004） | 10 | 0.561 | 338 | 154.229 | 0.01 | 2.120 |
| | | 30 | 0.565 | 339 | 157.754 | 0.01 | 2.262 |
| | | 50 | 0.584 | 305 | 156.430 | 0.01 | 2.296 |
| | | 70 | 0.563 | 338 | 155.900 | 0.01 | 2.340 |
| 毕节详查区 | 赫章雨磨山测风塔（24005） | 10 | 0.770 | 283 | 408.173 | 0.01 | 1.919 |
| | | 30 | 0.778 | 282 | 430.513 | 0.01 | 2.232 |
| | | 50 | 0.757 | 285 | 379.639 | 0.01 | 2.236 |
| | | 70 | 0.750 | 282 | 359.203 | 0.01 | 2.229 |
| | 威宁百草坪测风塔（24006） | 10 | 0.765 | 316 | 443.545 | 0.01 | 2.923 |
| | | 30 | 0.752 | 246 | 318.475 | 0.01 | 2.906 |
| | | 50 | 0.693 | 320 | 294.424 | 0.01 | 2.772 |
| | | 70 | 0.711 | 318 | 323.187 | 0.01 | 2.870 |

通过上述对数据的检验和插补订正处理，从而得到了 6 个测风塔完整的数据序列，作为分析计算的"样本数据"。

## 4.3 风能资源参数的计算

按照年平均风功率密度计算结果,黔南详查区 24001、24002 两座 70 m 测风塔,各高度层观测年平均风功率密度在 71.5~163.9 W/m²;六盘水详查区 24003(100 m)、24004(70 m)两座测风塔,各高度层观测年平均风功率密度在 168.0~419.1 W/m²;毕节详查区 24005、24006 两座 70 m 测风塔,各高度层观测年平均风功率密度在 115.1~418.1 W/m²(表 4.8)。

贵州冬季是一年中风速最大的季节,各详查区观测年月平均风功率密度最大值都出现在 2 月;夏、秋两季是风速最小的季节,各详查区观测年的月平均风功率密度最小值大多出现在这两个季节,且多在 10 月出现(图 4.5)。

表 4.8 各详查区观测年度风能参数表

| 详查区名称测风塔名称（编号） | 测风高度（m） | 3~25 m/s 时数百分率（%） | 平均风速（m/s） | 最大风速（m/s） | 极大风速（m/s） | 平均风功率密度（W/m²） | 有效风功率密度（W/m²） | 风能密度（kW·h/m²） | 平均风功率密度等级 |
|---|---|---|---|---|---|---|---|---|---|
| 黔南详查区龙里草原测风塔（24001） | 10 | 82 | 5.0 | 18.6 | 24.8 | 98.3 | 119.0 | 860.8 | 1 |
| | 30 | 86 | 5.5 | 20.5 | 27.1 | 132.8 | 153.3 | 1163.6 | |
| | 50 | 88 | 5.8 | 20.6 | 26.6 | 156.3 | 177.8 | 1369.5 | |
| | 70 | 87 | 5.8 | 23.8 | 27.0 | 163.9 | 188.3 | 1435.9 | |
| 黔南详查区惠水摆榜测风塔（24002） | 10 | 82 | 4.5 | 27.5 | 50.9 | 71.5 | 85.4 | 626.6 | 1 |
| | 30 | 86 | 4.8 | 26.9 | 48.8 | 84.7 | 97.5 | 741.6 | |
| | 50 | 89 | 5.3 | 31.6 | 58.1 | 108.9 | 121.7 | 953.8 | |
| | 70 | 88 | 5.0 | 31.5 | 57.9 | 96.3 | 109.0 | 843.5 | |
| 六盘水详查区盘县老黑山测风塔（24003） | 10 | 84 | 6.1 | 24.9 | 38.2 | 231.7 | 274.0 | 2029.4 | 3 |
| | 30 | 88 | 6.6 | 32.8 | 57.4 | 286.0 | 323.5 | 2504.9 | |
| | 50 | 89 | 6.8 | 27.5 | 51.4 | 300.7 | 337.6 | 2634.2 | |
| | 70 | 90 | 7.1 | 28.4 | 57.0 | 341.5 | 377.4 | 2991.6 | |
| | 100 | 92 | 7.6 | 29.3 | 57.1 | 419.1 | 451.3 | 3671.3 | |
| 六盘水详查区盘县黄茅坪测风塔（24004） | 10 | 87 | 5.8 | 26.3 | 33.9 | 168.0 | 191.6 | 1472.0 | 1 |
| | 30 | 90 | 6.2 | 26.0 | 32.9 | 193.1 | 213.2 | 1691.9 | |
| | 50 | 90 | 6.2 | 23.9 | 32.0 | 185.2 | 204.0 | 1622.3 | |
| | 70 | 91 | 6.4 | 24.8 | 34.0 | 209.2 | 228.6 | 1832.4 | |
| 毕节详查区赫章雨磨山测风塔（24005） | 10 | 76 | 5.1 | 26.0 | 50.4 | 115.1 | 149.3 | 1008.0 | 1 |
| | 30 | 83 | 5.9 | 25.4 | 43.6 | 179.1 | 213.6 | 1568.4 | |
| | 50 | 82 | 5.9 | 28.1 | 56.1 | 185.0 | 224.2 | 1619.5 | |
| | 70 | 82 | 5.9 | 25.6 | 57.0 | 181.5 | 221.4 | 1589.3 | |
| 毕节详查区威宁百草坪测风塔（24006） | 10 | 91 | 8.0 | 25.2 | 39.3 | 418.1 | 461.2 | 3662.8 | 3 |
| | 30 | 87 | 7.5 | 26.0 | 30.1 | 375.7 | 430.2 | 3291.5 | |
| | 50 | 86 | 7.5 | 26.5 | 40.3 | 381.3 | 440.9 | 3340.3 | |
| | 70 | 89 | 7.8 | 29.9 | 50.8 | 412.4 | 464.4 | 3612.5 | |

一天中,黔南详查区风功率密度在22时达到峰值,15时风功率密度最小;六盘水详查区风功率密度在07时、17时达到峰值,10时、19时风功率密度最小;毕节详查区风功率密度在03—04时达到峰值,17时、19时风功率密度最小(图4.6)。风功率密度日变化规律与风速日变化规律基本一致,主要是下垫面及大气受热不同而造成。

参考《(GB/T 18710—2002)风电场风能资源评估方法》风功率密度等级划分标准,以50 m高度的平均风功率密度值为标准,黔南、六盘水、毕节详查区应用于并网型风力发电的风电场等级分别为1级、3级、3级。

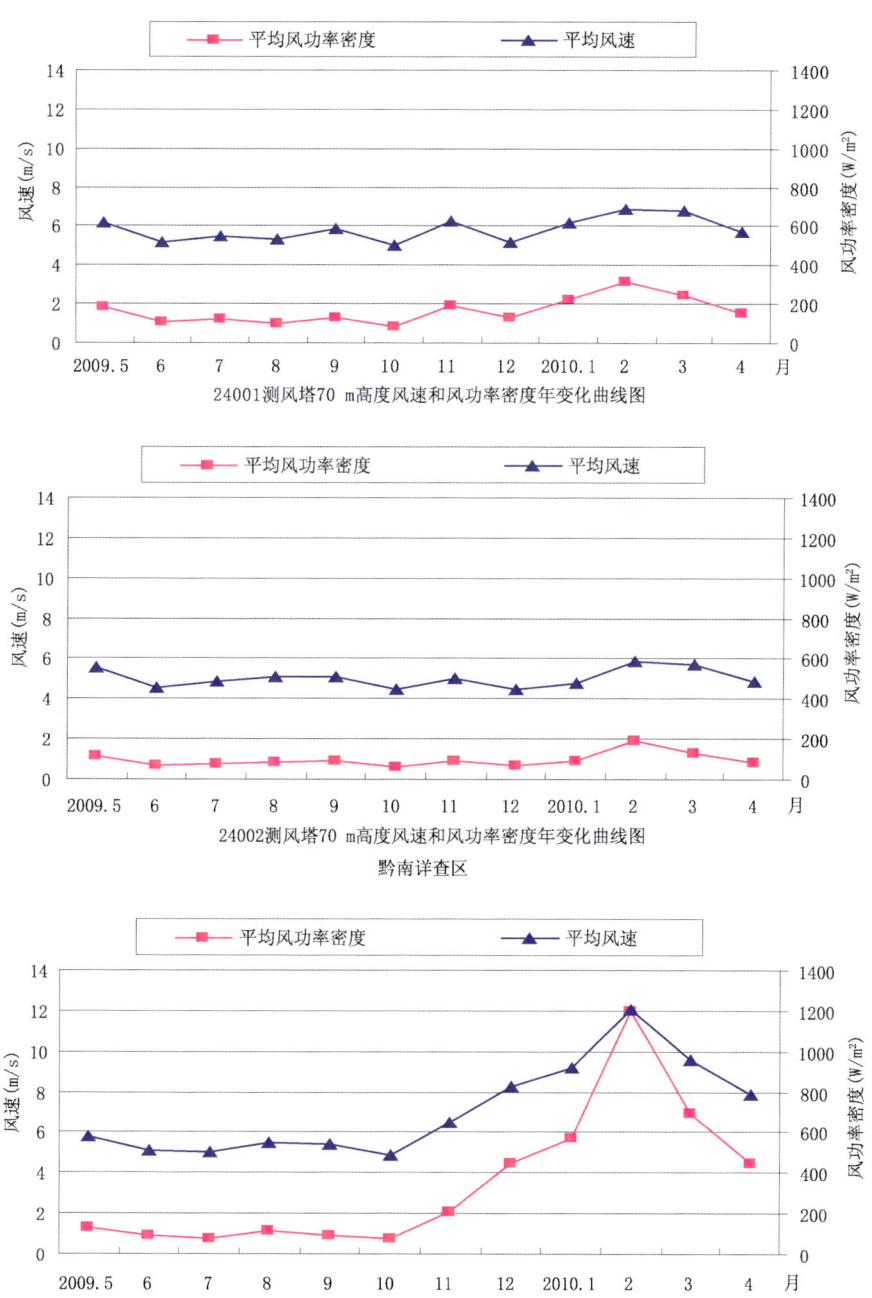

24001测风塔70 m高度风速和风功率密度年变化曲线图

24002测风塔70 m高度风速和风功率密度年变化曲线图

黔南详查区

24003测风塔70 m高度风速和风功率密度年变化曲线图

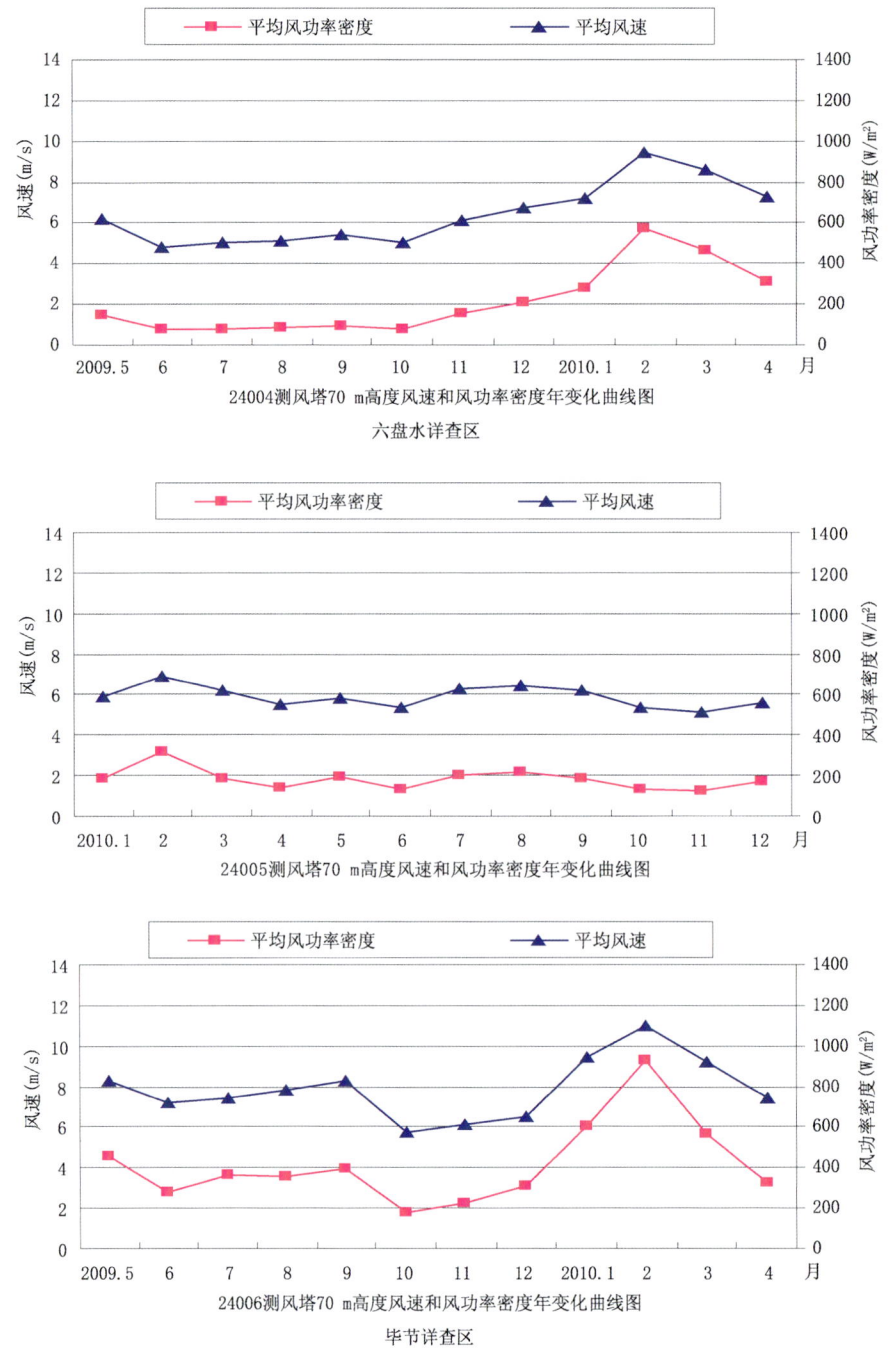

图 4.5　各详查区 70m 高度风速和风功率密度年变化曲线图

# 第4章 贵州复杂地形下的风能资源综合评估

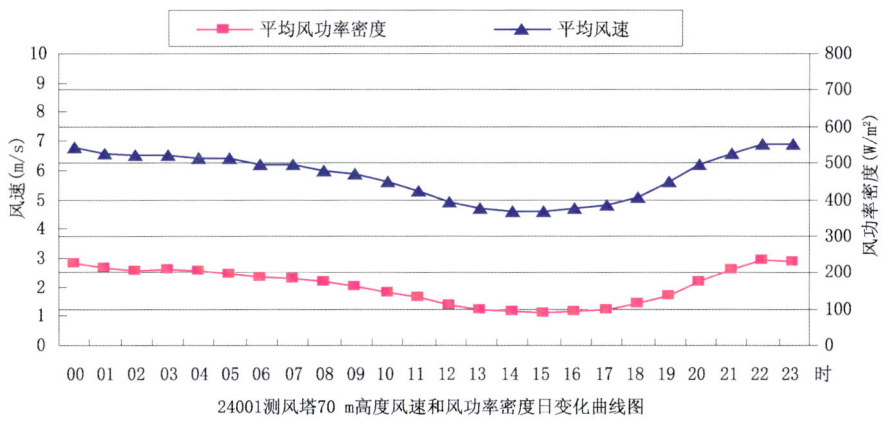

24001测风塔70 m高度风速和风功率密度日变化曲线图

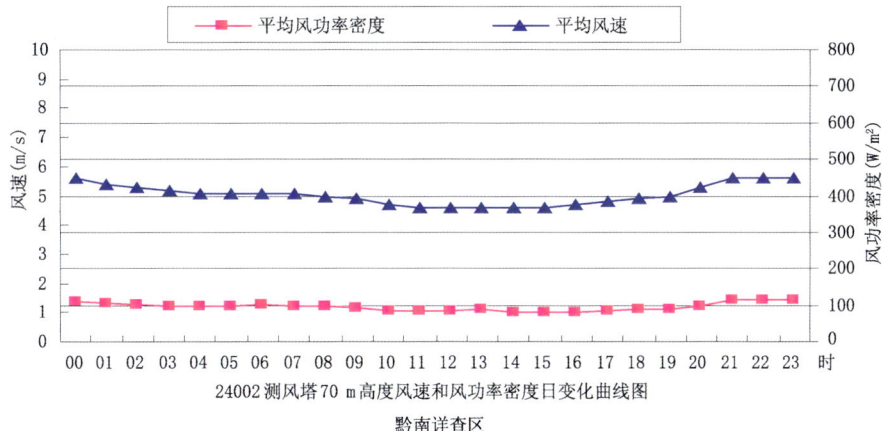

24002测风塔70 m高度风速和风功率密度日变化曲线图

黔南详查区

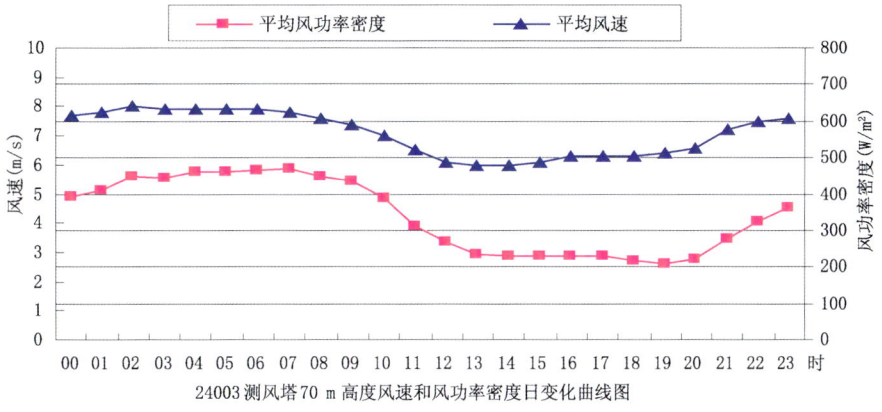

24003测风塔70 m高度风速和风功率密度日变化曲线图

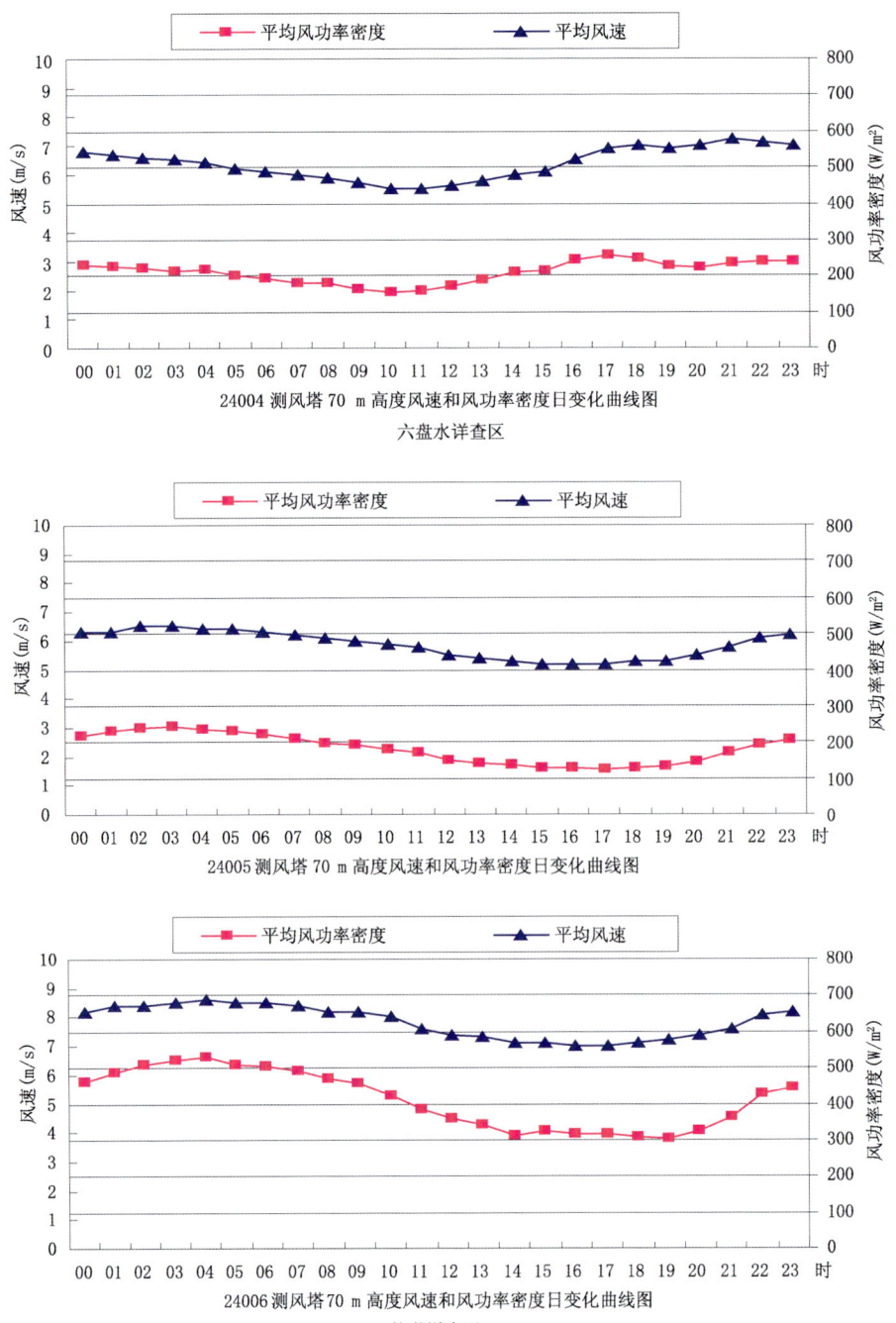

图 4.6 各详查区 70 m 高度风速和风功率密度日变化曲线图

## 4.4 重现期(50年一遇)风速估算

威宁气象站历年10 min平均最大风速1989年以后最大风速明显偏小(图4.7),这是由于仪器更换,以及气象站周围观测环境发生变化造成的;都匀气象站2007年后最大风速偏大(图4.7),是由于气象站迁址造成的。为了使参证气象站历年最大风速具有可比性,根据各参证站历史沿革情况及相应历史平行观测记录对1971年(EL型仪器测风开始年份)至2009年历年最大风速序列进行了一致性订正。

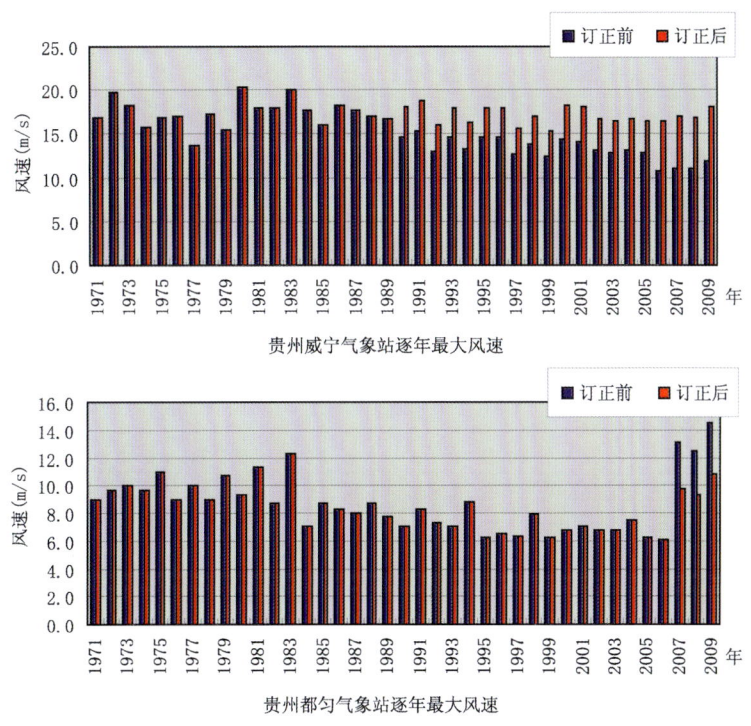

图4.7 各详查区参证站历年最大风速直方图

由于大风和小风状况的相关关系明显不同,而抗风计算主要关注大风,因而,在满足统计样本数量的前提下,筛选大风风速样本,并进行相关检验和延长订正系数的计算。

根据各参证站1971—2009年共39年的逐年最大10 min平均风速序列,采用国家标准推荐的极值Ⅰ型分布函数,计算各参证站10 m高度,重现期为50年的10 min平均风速。

根据各测风塔的延长订正系数,推算出各详查区测风塔70 m高度50年一遇10 min平均风速结果(表4.9);利用标准空气密度1.225 kg/m³计算出各详查区测风塔70 m高度50年一遇标准空气密度下10 min平均风速值(表4.10)。

表 4.9　各详查区测风塔 70 m 高度与相应参证站相关性检验参数

| 站名、测风塔名称 | | 相关系数 $R$ | 样本个数 $n$ | 统计量 $F$ | 显著性水平 $\alpha$ | 延长订正系数 |
|---|---|---|---|---|---|---|
| 都匀气象站（57827） | 黔南详查区龙里草原测风塔（24001） | 0.657 | 335 | 253.297 | 0.01 | 1.673 |
| | 黔南详查区惠水摆榜测风塔（24002） | 0.524 | 357 | 134.233 | 0.01 | 1.492 |
| 威宁气象站（56691） | 六盘水详查区盘县老黑山测风塔（24003） | 0.595 | 274 | 148.870 | 0.01 | 2.447 |
| | 六盘水详查区盘县黄茅坪测风塔（24004） | 0.677 | 338 | 284.819 | 0.01 | 2.093 |
| | 毕节详查区赫章雨磨山测风塔（24005） | 0.547 | 282 | 119.516 | 0.01 | 2.170 |
| | 毕节详查区威宁百草坪测风塔（24006） | 0.677 | 318 | 267.925 | 0.01 | 2.486 |

表 4.10　各测风塔 50 年一遇 10 min 平均风速

| 站名（站号） | 10 m 高度 50 年一遇 10 min 平均风速（m/s） | 详查区名称测风塔名称（编号） | 70 m 高度 50 年一遇 10 min 平均风速（m/s） | 标准空气密度 70 m 高度 50 年一遇 10 min 平均风速（m/s） |
|---|---|---|---|---|
| 都匀气象站（57827） | 13.2 | 黔南详查区龙里草原测风塔（24001） | 33.4 | 30.3 |
| | | 黔南详查区惠水摆榜测风塔（24002） | 35.1 | 32.0 |
| 威宁气象站（56691） | 21.1 | 六盘水详查区盘县老黑山测风塔（24003） | 37.7 | 32.5 |
| | | 六盘水详查区盘县黄茅坪测风塔（24004） | 34.4 | 30.1 |
| | | 毕节详查区赫章雨磨山测风塔（24005） | 36.2 | 31.7 |
| | | 毕节详查区威宁百草坪测风塔（24006） | 39.1 | 33.5 |

## 4.5 长年代风能资源估算

由于现场测风塔观测时间一般比较短,难以代表当地长年平均风况特征。为了满足运行期长达 20 年的风电场风能资源评估需要,规范要求利用拟建风电场参证站的长期观测数据,结合现场测风塔短期观测资料对拟建风电场区域的风能资源进行长年代评估。

根据贵州风气候的一般特点和详查区分布情况,选择威宁气象站作为毕节详查区、六盘水详查区参证站,选择都匀气象站作为黔南详查区参证站。采用各详查区测风塔 50 m 或 70 m 高度的日平均风速与相应的参证气象站同期风速进行相关检验,各详查区测风塔与相应参证站的相关系数均能通过 0.01 显著性水平检验(表 4.11)。

表 4.11 各详查区测风塔与相应的参证站相关性检验参数

| | 站名、测风塔名称 | | 相关系数 $R$ | 样本个数 $n$ | 统计量 $F$ | 显著性水平 $\alpha$ |
|---|---|---|---|---|---|---|
| 都匀气象站 | 黔南详查区<br>龙里草原测风塔<br>(24001) | 50 m | 0.664 | 310 | 243.407 | 0.01 |
| | | 70 m | 0.646 | 335 | 238.900 | 0.01 |
| | 黔南详查区<br>惠水摆榜测风塔<br>(24002) | 50 m | 0.726 | 362 | 401.646 | 0.01 |
| | | 70 m | 0.747 | 357 | 448.365 | 0.01 |
| 威宁气象站 | 六盘水详查区<br>盘县老黑山测风塔<br>(24003) | 50 m | 0.541 | 273 | 112.320 | 0.01 |
| | | 70 m | 0.537 | 274 | 110.074 | 0.01 |
| | 六盘水详查区<br>盘县黄茅坪测风塔<br>(24004) | 50 m | 0.584 | 305 | 156.430 | 0.01 |
| | | 70 m | 0.563 | 338 | 155.900 | 0.01 |
| | 毕节详查区<br>赫章雨磨山测风塔<br>(24005) | 50 m | 0.757 | 285 | 379.639 | 0.01 |
| | | 70 m | 0.750 | 282 | 359.203 | 0.01 |
| | 毕节详查区<br>威宁百草坪测风塔<br>(24006) | 50 m | 0.693 | 320 | 294.424 | 0.01 |
| | | 70 m | 0.711 | 318 | 323.187 | 0.01 |

从各详查区相应的参证站近 20 年平均风速变化(图 4.8)可以看出,风速订正前,威宁参证气象站年平均风速 1993 年以前偏小,1993—1999 年风速增大,2004 年以后风速再次偏小;都匀参证气象站年平均风速 1993 年以前偏小,1993—2004 年风速较稳定,2005—2006 年风速偏小,2007 年以后风速明显偏大。经分析,造成威宁参证气象站年平均风速发生变化的原因是 1992 年的观测仪器变更、2000 年的迁站及城市化建设;造成都匀参证气象站年平均风速发生变化的原因是 1992 年的观测仪器变更、城市化建设以及 2007 年的迁站。为了使参证气象站的年平均风速具有可比性,根据历史沿革情况及相应历史平行观测记录对历年平均风速序列进行了一致性订正。

各参证站观测年度年平均风速相对本站近 20 年累年平均风速距平百分率情况为:在受大气环流背景影响以及城市化建设等综合影响下,威宁参证气象站观测年(2009.5—2010.4)平

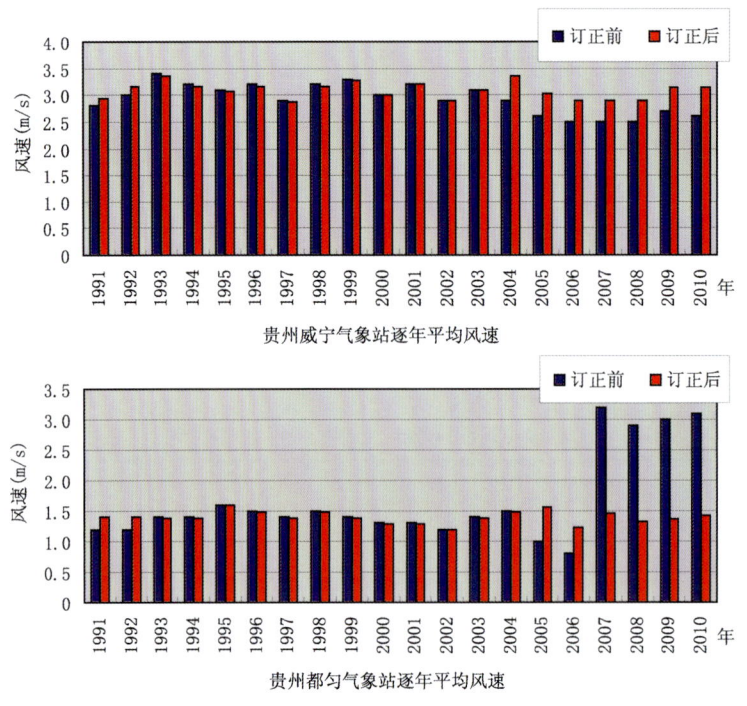

图 4.8 各详查区参证站风速年际变化直方图

均风速为 3.10 m/s,累年年平均风速 3.10 m/s,观测年度风速距平百分率为 0,为平风年景;观测年(2010.1—2010.12)平均风速为 3.03 m/s,累年年平均风速 3.09 m/s,观测年度风速距平百分率为 -1.98%,为小风年景;由于都匀参证气象站于 2007 年迁址,近年年平均风速较大,通过一致性订正后观测年平均风速为 1.40 m/s,累年年平均风速 1.40 m/s,观测年度风速距平百分率为 0,为平风年景(表 4.12)。

表 4.12 各参证站观测年度风速年景

| 站名 | 累年年平均风速 | 观测年平均风速<br>(2009.5—2010.4) | 风速距平百分率(%) |
| --- | --- | --- | --- |
| 威宁 | 3.10 | 3.10 | 0 |
| 都匀 | 1.40 | 1.40 | 0 |
| 站名 | 累年年平均风速 | 观测年平均风速<br>(2010.1—2010.12) | 风速距平百分率(%) |
| 威宁 | 3.09 | 3.03 | -1.98 |

各详查区测风塔各高度层长年代平均风能资源计算参数表明,黔南详查区 50 m 高度年风功率密度 108.9~156.3 W/m²,70 m 高度年风功率密度 96.3~163.9 W/m²;六盘水详查区 50 m 高度年风功率密度 185.2~300.7 W/m²,70 m 高度年风功率密度 209.2~341.5 W/m²;毕节详查区 50 m 高度年风功率密度 196.2~381.3 W/m²,70 m 高度年风功率密度 192.5~412.4 W/m²。以 50 m 高度的平均风功率密度值为标准,经过长期平均风资源估算得到,黔南详查区各观测站风资源等级为 1 级;六盘水详查区 24003 观测站风资源等级为 3 级,24004 观测站风资源等级为 1 级;毕节详查区 24005 观测站风资源等级为 1 级,24006 观测站风资源等

级为3级,六盘水详查区、毕节详查区风能资源较好(表4.13)。

表 4.13 各详查区测风塔长年代平均风能参数估算结果

| 站名、测风塔名称 | | 测风塔高度(m) | 年平均风速(m/s) | 年平均风功率密度(W/m²) | 风资源等级 |
|---|---|---|---|---|---|
| 黔南详查区 | 龙里草原测风塔(24001) | 10 | 5.0 | 98.3 | 1 |
| | | 30 | 5.5 | 132.8 | |
| | | 50 | 5.8 | 156.3 | |
| | | 70 | 5.8 | 163.9 | |
| | 惠水摆榜测风塔(24002) | 10 | 4.5 | 71.5 | 1 |
| | | 30 | 4.8 | 84.7 | |
| | | 50 | 5.3 | 108.9 | |
| | | 70 | 5.0 | 96.3 | |
| 六盘水详查区 | 盘县老黑山测风塔(24003) | 10 | 6.1 | 231.7 | 3 |
| | | 30 | 6.6 | 286.0 | |
| | | 50 | 6.8 | 300.7 | |
| | | 70 | 7.1 | 341.5 | |
| | | 100 | 7.6 | 419.1 | |
| | 盘县黄茅坪测风塔(24004) | 10 | 5.8 | 168.0 | 1 |
| | | 30 | 6.2 | 193.1 | |
| | | 50 | 6.2 | 185.2 | |
| | | 70 | 6.4 | 209.2 | |
| 毕节详查区 | 赫章雨磨山测风塔(24005) | 10 | 5.2 | 122.1 | 1 |
| | | 30 | 6.0 | 190.0 | |
| | | 50 | 6.0 | 196.2 | |
| | | 70 | 6.0 | 192.5 | |
| | 威宁百草坪测风塔(24006) | 10 | 8.0 | 418.1 | 3 |
| | | 30 | 7.5 | 375.7 | |
| | | 50 | 7.5 | 381.3 | |
| | | 70 | 7.8 | 412.4 | |

## 4.6 风能资源评估数值模拟

按照相关风能资源评估项目实施方案的要求,在进行测风塔数据分析评估的同时,系统开展了短期及长期的风能资源数值模拟工作。2008年,在中国气象局风能太阳能评估中心技术支撑下,贵州省气象部门组织技术人员进行了第一次风能资源数值模拟,模拟时段为2007年4月—2008年4月,模拟技术方法采用MM5中尺度数值模式系统与Calmet小尺度动力诊断模式系统相耦合的方法来进行数值模拟,模拟区域集中在贵州省的中部以西地区,总面积$12.11×10^4 km^2$,占全省总面积的68.8%。

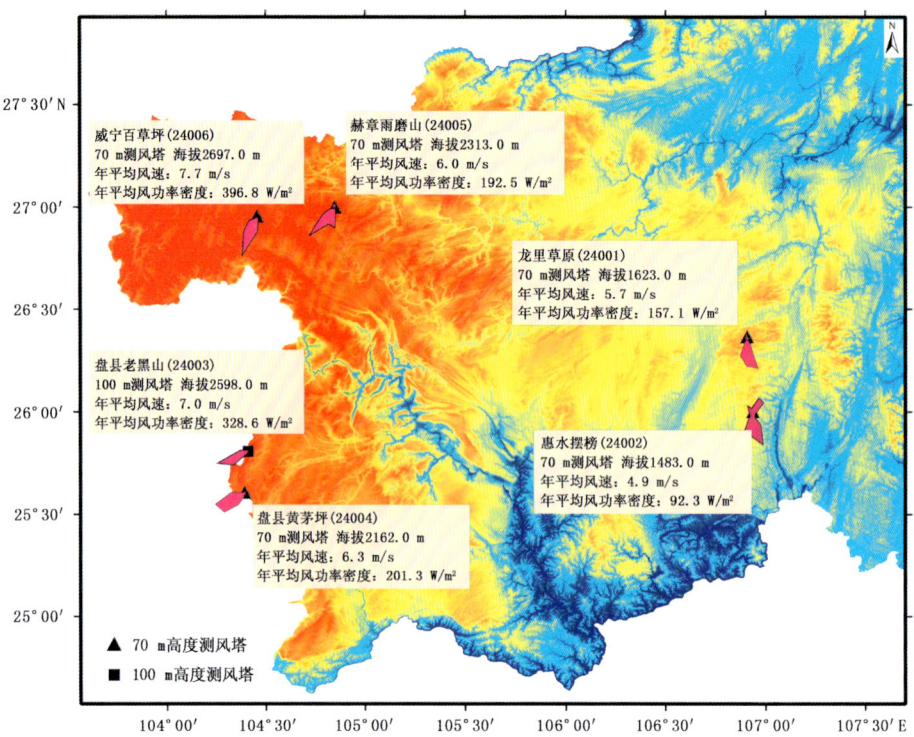

图 4.9　贵州省各详查区测风塔 70 m 高度长期平均风能资源参数图

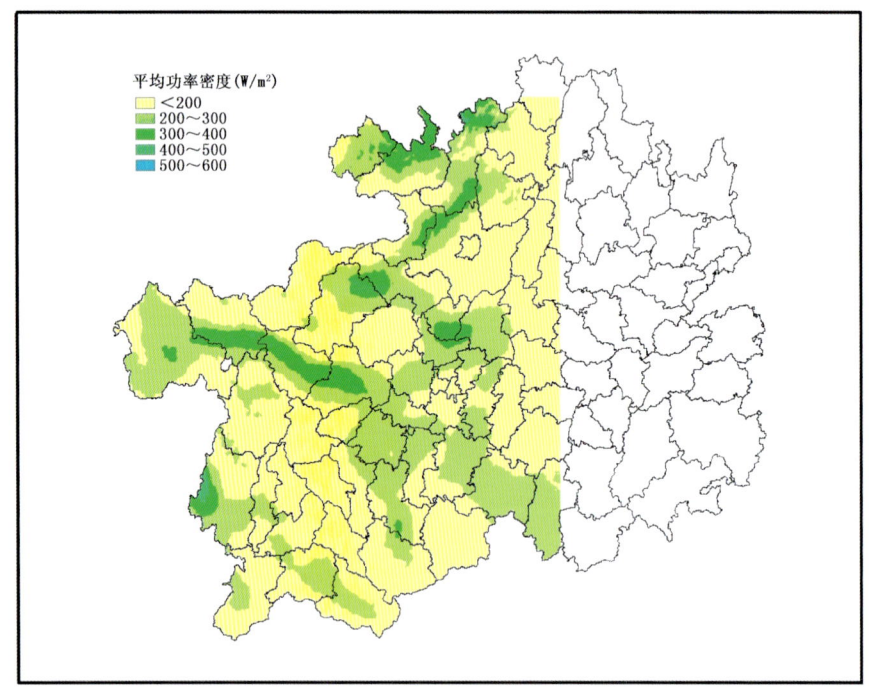

图 4.10　贵州省 50 m 高度年平均风功率密度数值模拟图
（注：贵州风能资源详查短期数值模拟是以详查区为主而非全省行政区域进行模拟
计算和分析，贵州省 3 个详查区分布在省的中西部，故东部白色区域无资料，下同）

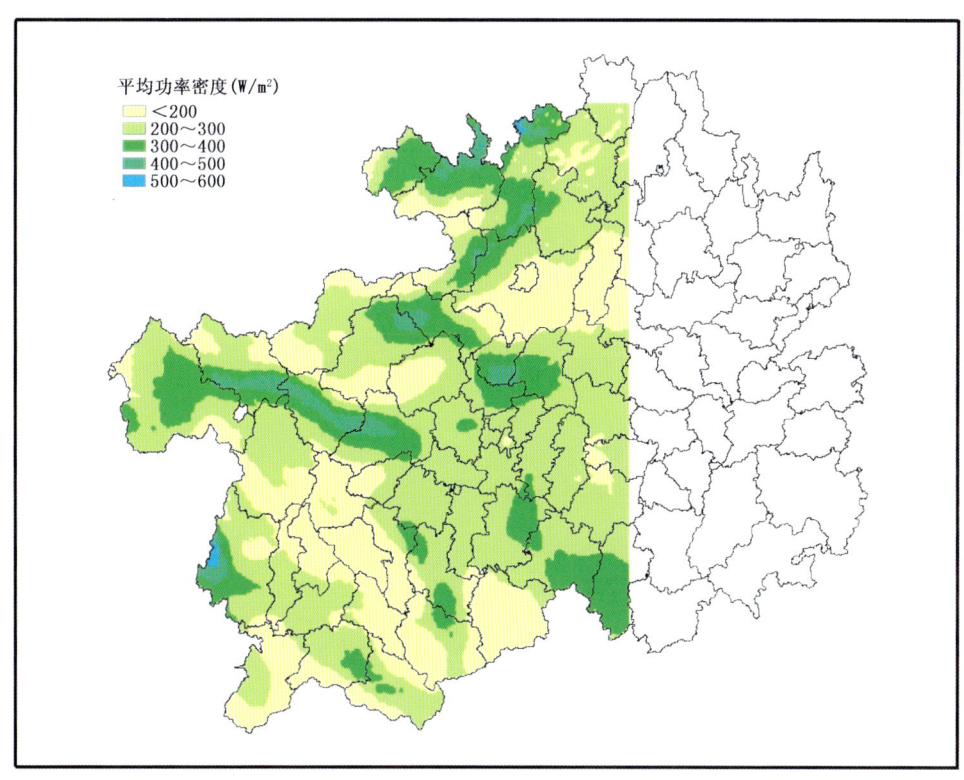

图 4.11　贵州省 70 m 高度年平均风功率密度数值模拟图

根据《(GB/T 18710—2002)风电场风能资源评估方法》风功率密度等级划分,以 50 m 为标准,年平均风功率密度达到 3 级以上区域面积为 7931.99 km$^2$,占全省面积的 4.5%。其中,年平均风功率密度为 300~400 W/m$^2$ 的区域为 7579.81 km$^2$,占全省面积的 4.3%,应用于风力发电属于"较好"范畴;年平均风功率密度为 400~500 W/m$^2$ 的区域为 352.18 km$^2$,占全省面积的 0.2%,应用于风力发电属于"好"范畴。

### 4.6.1　风能资源短期数值模拟

短期风能资源数值模拟时段为 2009 年 6 月—2010 年 5 月,模拟区涵盖全省 108°E 以西,约占全省面积的 80%。

用图 4.9 中的测风塔数据作为检验数据开展数值模拟工作,平均风速、风功率密度数值模拟分析显示贵州省各地主要以春、冬季风速偏大、夏、秋季风速偏小为主要特点,模拟结果很好地反映了这一现象,模拟显示:全年以 3 月及 2 月风速和风功率密度最大,6 月及 10 月份风速和风功率密度最小,风能资源整体西部好于中东部,中部及北部好于南部(图 4.10—图 4.35)。

从空间分布来看,高值区主要位于毕节市西部及南部,六盘水市中南部,中部苗岭一线及遵义市北部地区,但各月高值区的出现地点有所不同。2 月和 3 月,全省风速和风功率密度普遍偏高,最大地区主要位于毕节市西部、南部及六盘水市南部一带;9 月、4 月及 5 月,高值区突出表现在遵义北部习水、桐梓一带;7 月高值区主要位于毕节市中部和南部、贵阳市北部、遵义市北部地区,11 月高值区位于黔南州南部及遵义市北部,6 月及 10 月,全省模拟区域大部分地区 70 m 高度上的风功率密度处于 200 W/m$^2$ 以下。

从 2009 年夏季至 2010 年春季期间的大气环流形式看,2009 年 9 月、11 月和 2010 年 1 月、3 月北半球 500 hPa 月平均位势高度场上,中高纬度环流呈 3 波型分布;2009 年 6—8 月和 2010 年 2 月、4 月北半球 500 hPa 月平均位势高度场上,中高纬度环流呈 4 波型分布;2009 年 10 月,500 hPa 月平均位势高度场上,中高纬度环流呈 5 波型分布;2009 年 12 月,500 hPa 月平均位势高度距平场呈现典型的北极涛动负位相特征,中纬度为负距平区,高纬和极区为正高度距平覆盖,2010 年 5 月,500 hPa 月平均位势高度场上,中高纬度环流呈明显经向环流。2009 年夏季至 2010 年春季期间,各月西北太平洋副热带高压较常年同期面积偏大、强度偏强、位置偏西,贵州出现了全省性的夏秋连旱叠加冬春旱,干旱时段近一年,与短期数值模拟时段基本重合。短期数值模拟时段的风能资源总体与常年差异不大,该时段的天气气候背景异常对风能资源影响并不明显。

模拟出的贵州各月平均风速、风功率密度空间分布凌乱,全省各月风能资源总体分布较为复杂,风速和风能功率的高值区与低值区相间出现,反映了贵州山地复杂地形,符合风速的空间变化特征,且与地形特点有着较好的一致性。贵州属亚热带季风气候,东半部在全年湿润的东南季风区内,西半部处于无明显的干湿季之分的东南季风向干湿明显的西南季风区的过渡地带。冬半年由于北有秦巴山系阻挡,南下冷空气多半绕道两湖盆地由偏东北方向入侵,常在中部和西部形成静止锋,西部威宁、盘县一带经常处于锋前位置,故冬季多晴朗天气,省的中部、东部正好处于锋后,故冬季多连阴雨天气。贵州冬季盛行偏北风,夏季盛行偏西南风,在高海拔山脊及高山台地,不同方向来风经地形抬升作用后有加速影响,是风电场选址的重要地区。

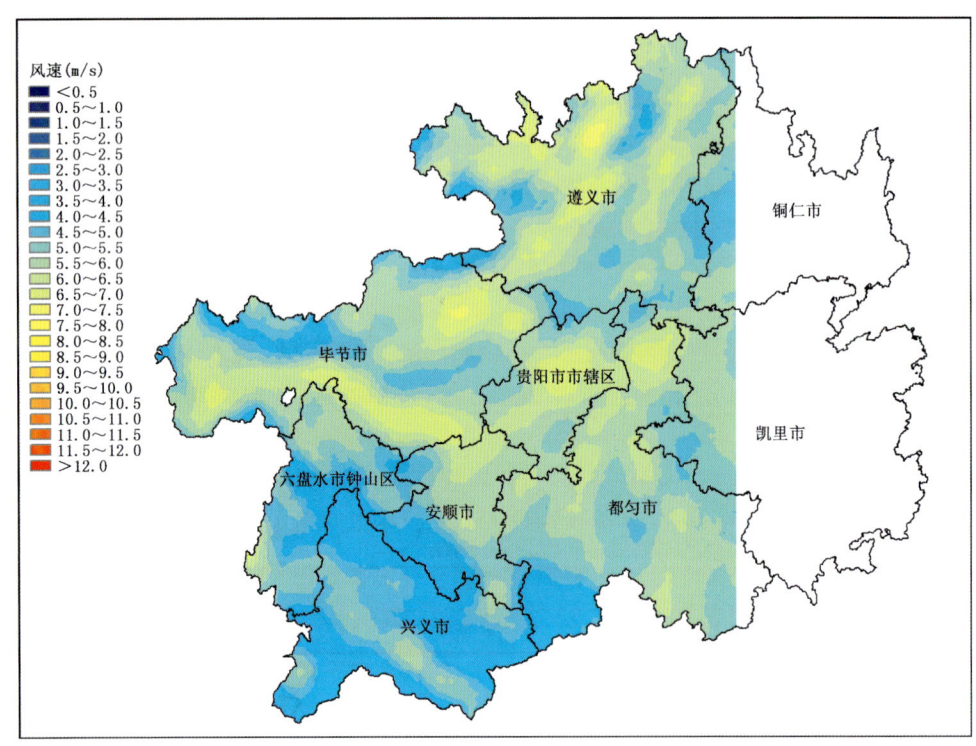

图 4.12　贵州省 2009 年 6 月 70 m 高度月平均风速模拟分布图

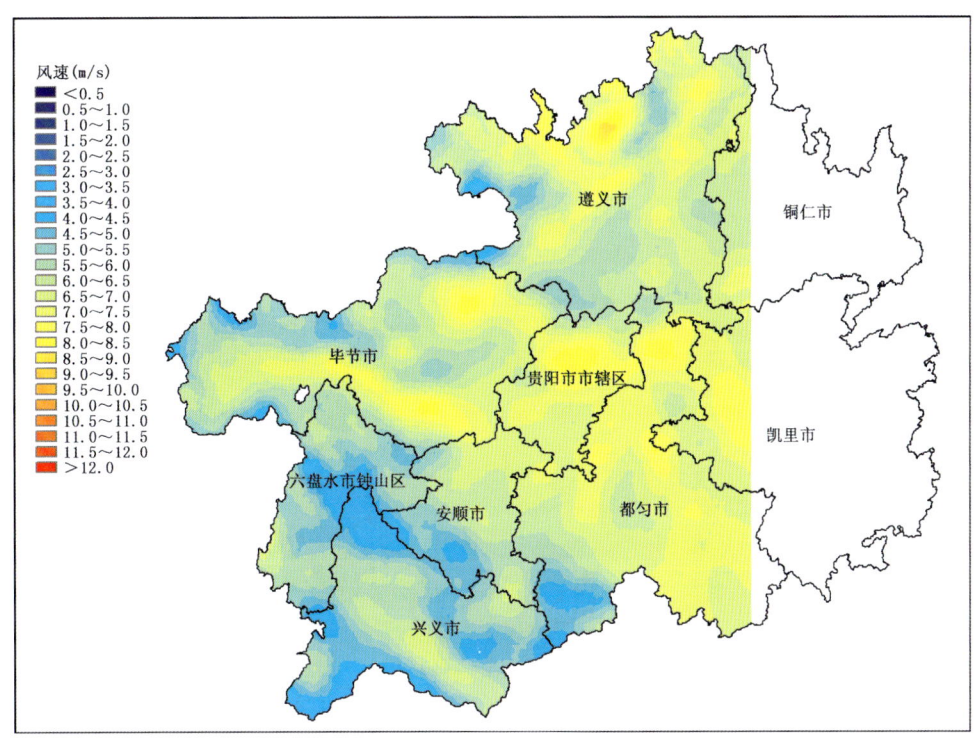

图 4.13　贵州省 2009 年 7 月 70 m 高度月平均风速模拟分布图

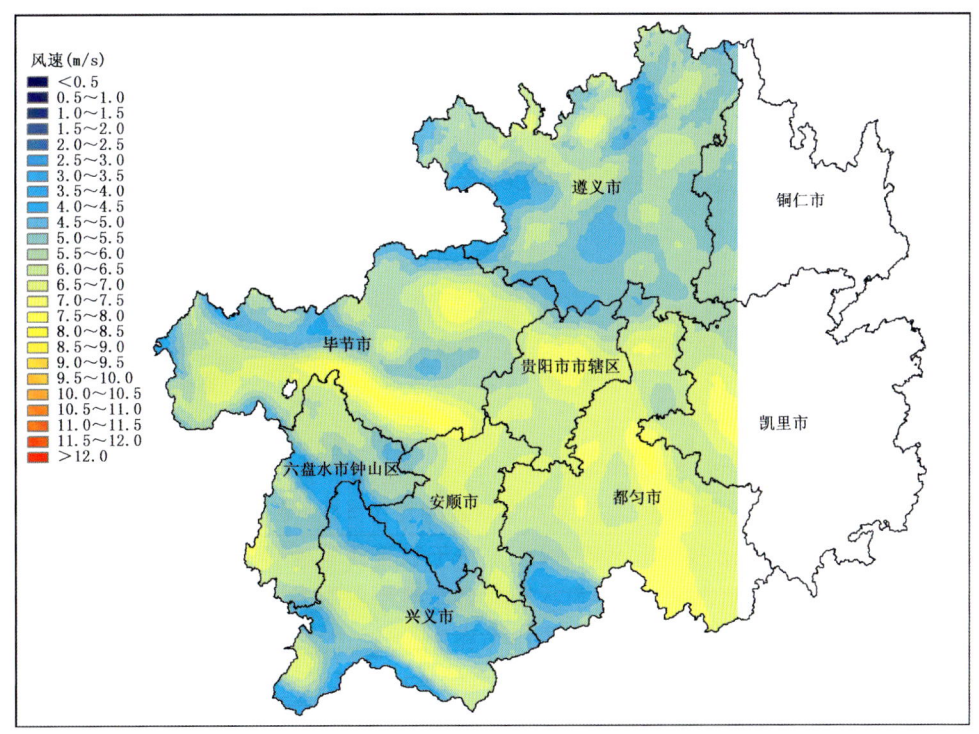

图 4.14　贵州省 2009 年 8 月 70 m 高度月平均风速模拟分布图

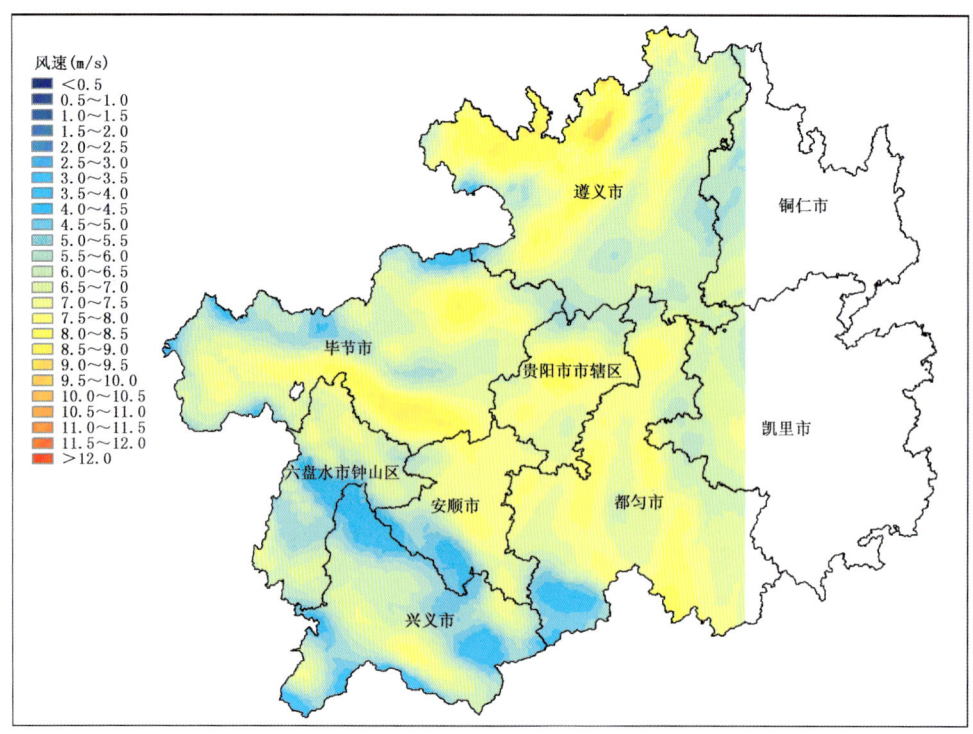

图 4.15　贵州省 2009 年 9 月 70 m 高度月平均风速模拟分布图

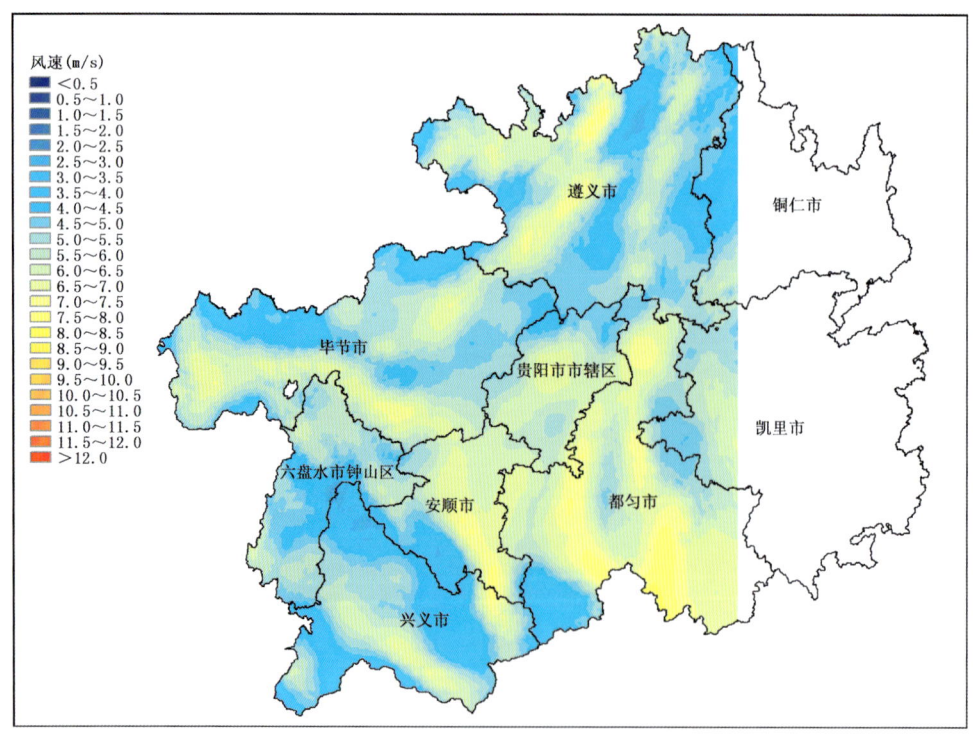

图 4.16　贵州省 2009 年 10 月 70 m 高度月平均风速模拟分布图

第 4 章　贵州复杂地形下的风能资源综合评估

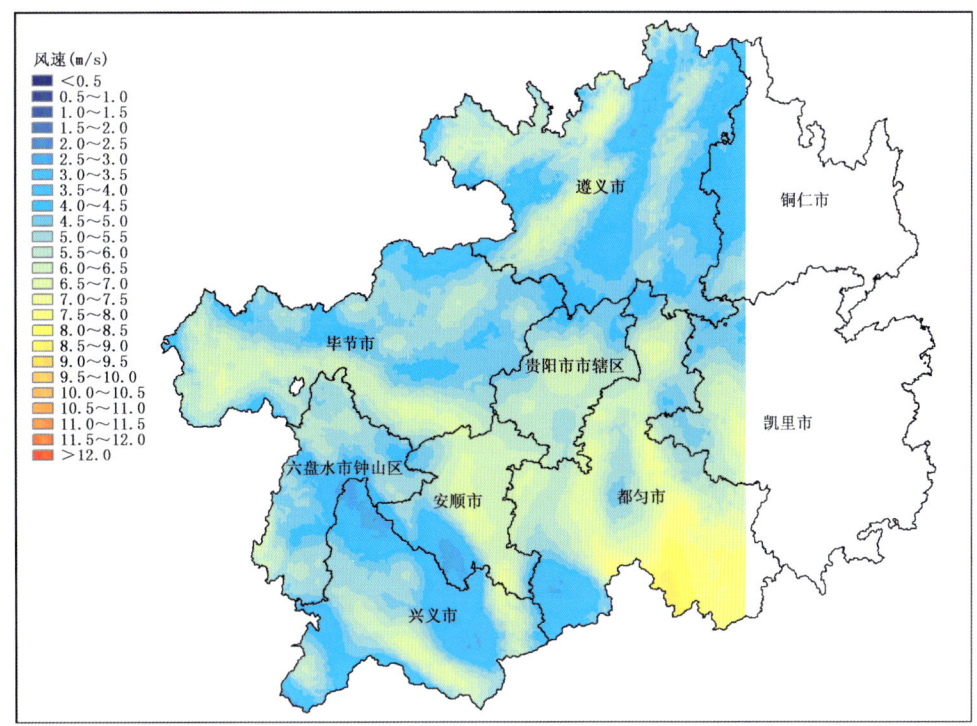

图 4.17　贵州省 2009 年 11 月 70 m 高度月平均风速模拟分布图

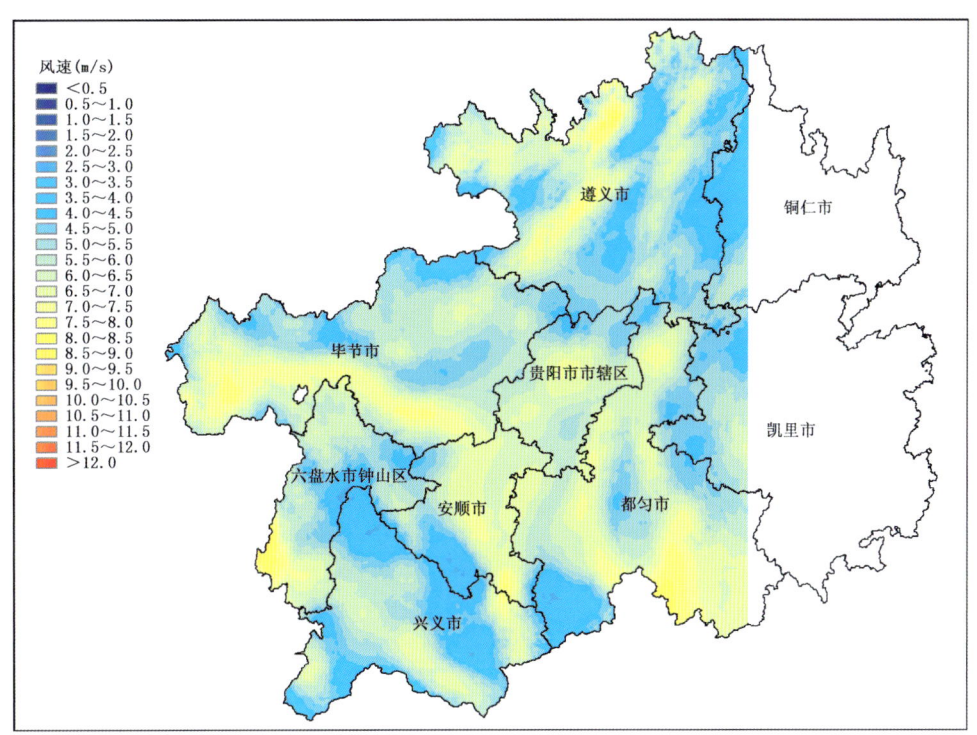

图 4.18　贵州省 2009 年 12 月 70 m 高度月平均风速模拟分布图

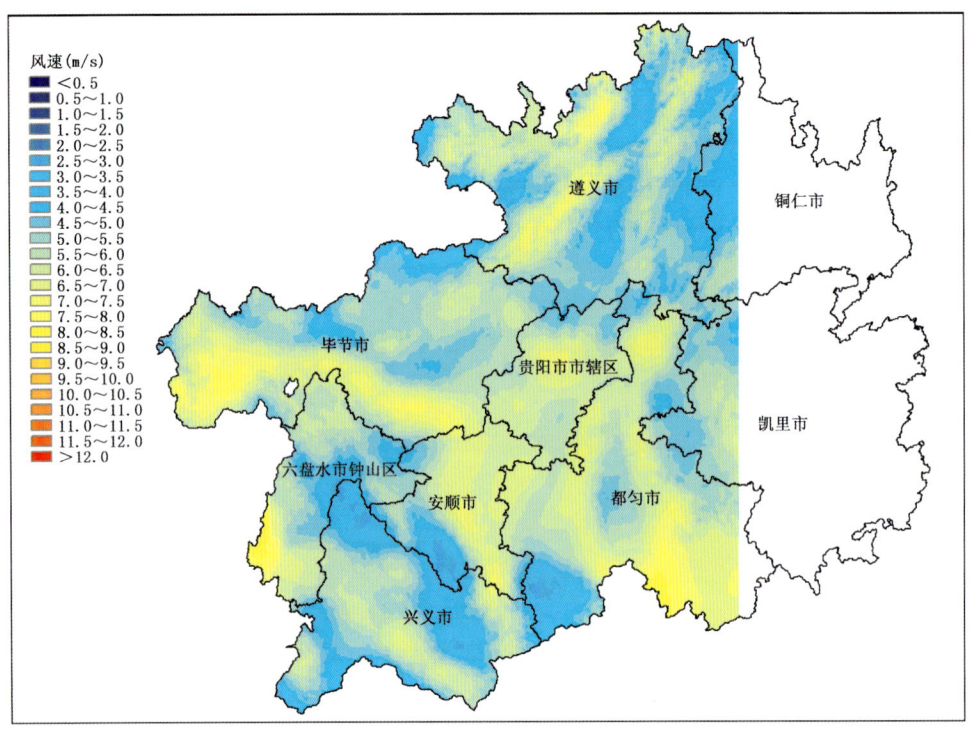

图 4.19　贵州省 2010 年 1 月 70 m 高度月平均风速模拟分布图

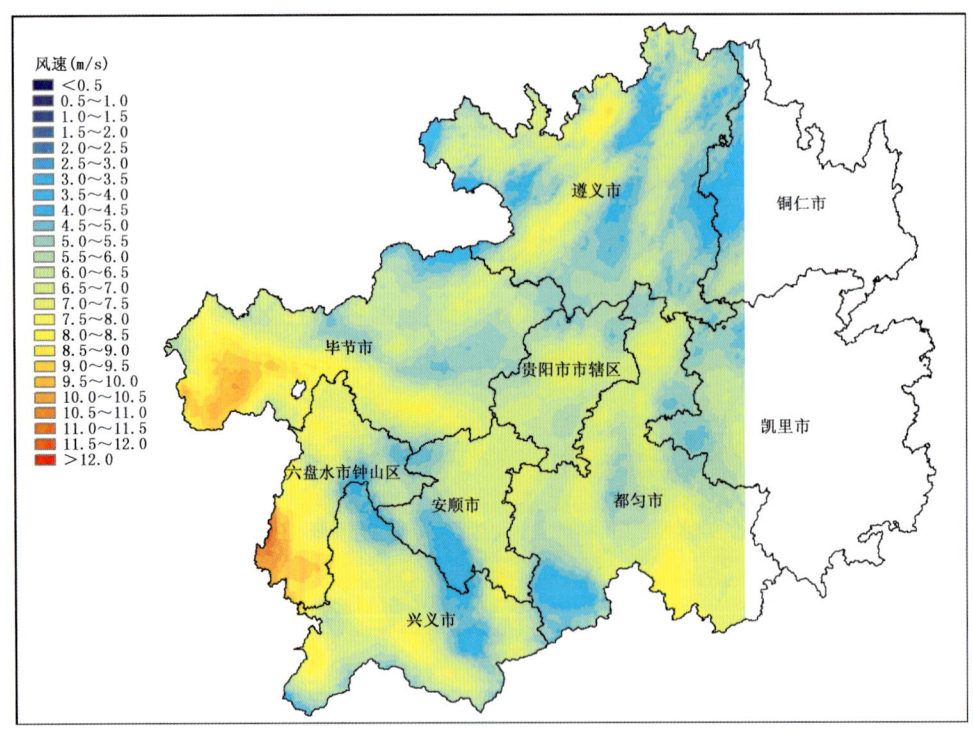

图 4.20　贵州省 2010 年 2 月 70 m 高度月平均风速模拟分布图

第 4 章 贵州复杂地形下的风能资源综合评估 · 53 ·

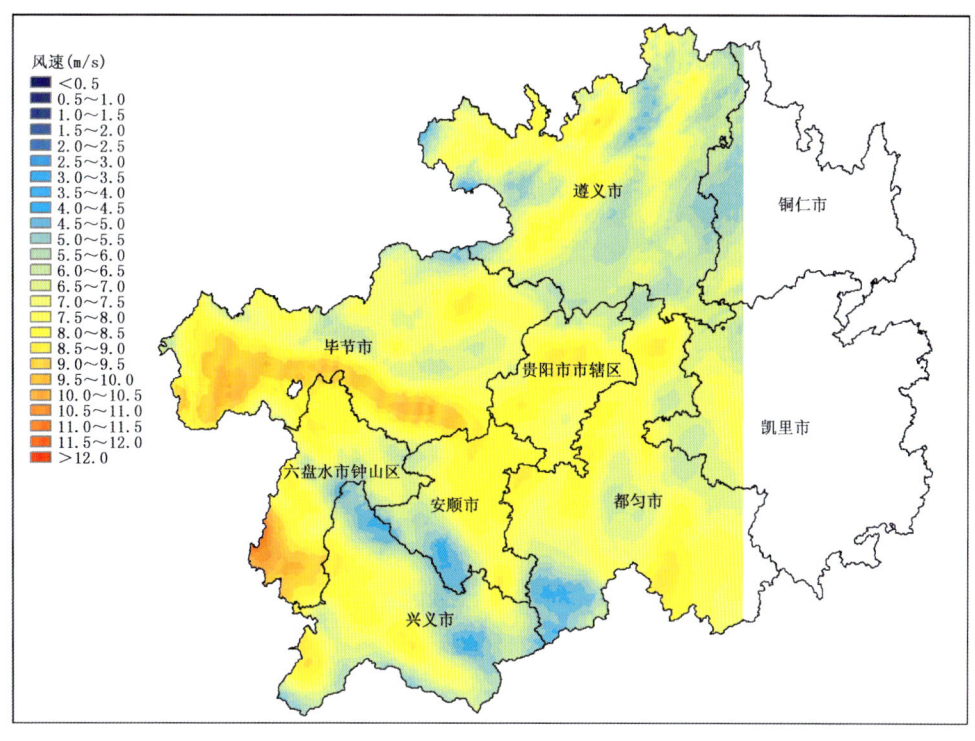

图 4.21 贵州省 2010 年 3 月 70 m 高度月平均风速模拟分布图

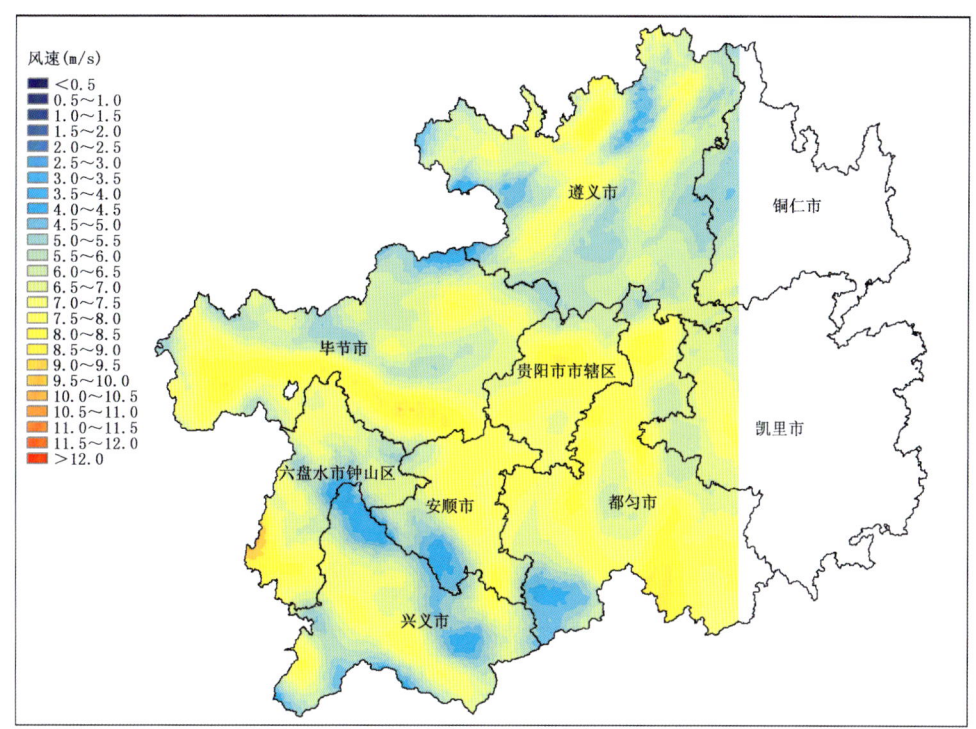

图 4.22 贵州省 2010 年 4 月 70 m 高度月平均风速模拟分布图

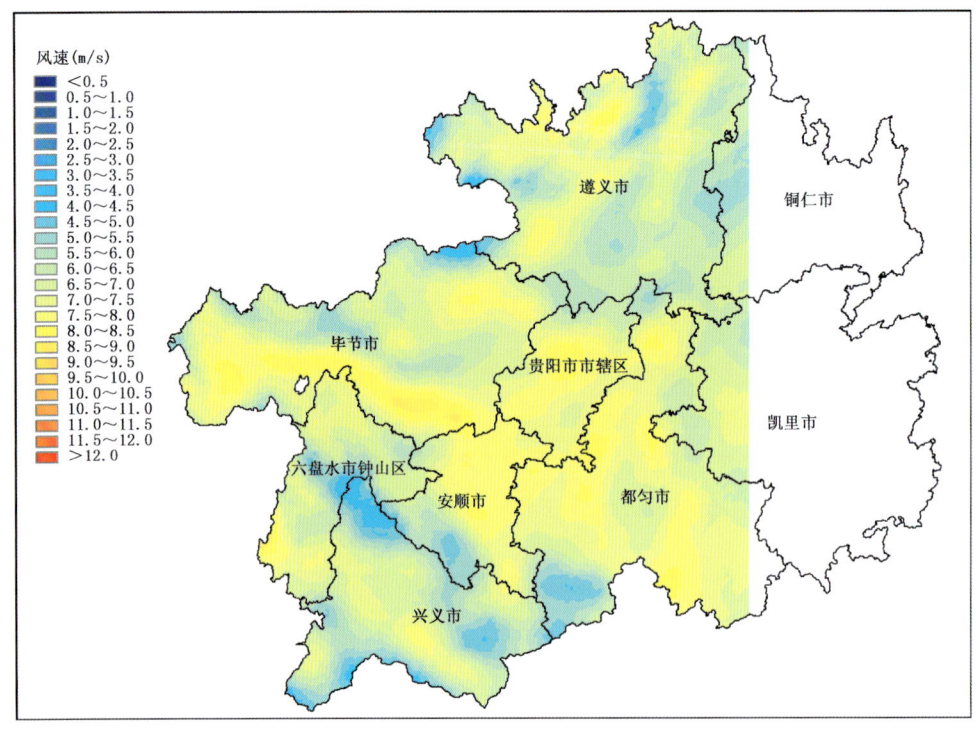

图 4.23　贵州省 2010 年 5 月 70 m 高度月平均风速模拟分布图

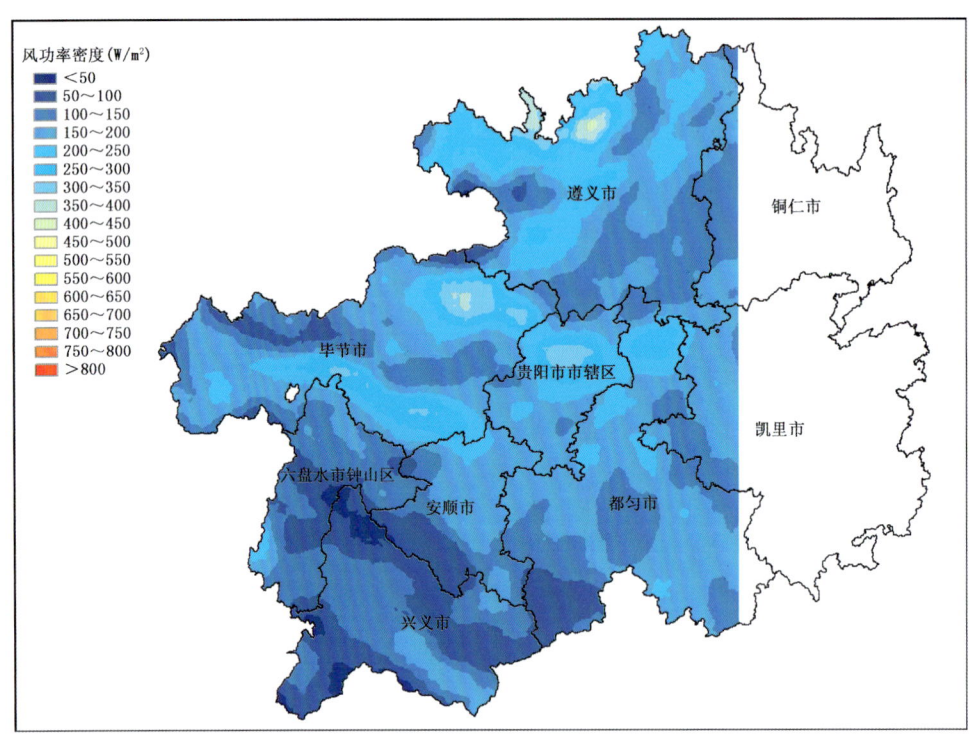

图 4.24　贵州省 2009 年 6 月 70 m 高度月平均风功率密度模拟分布图

第 4 章 贵州复杂地形下的风能资源综合评估

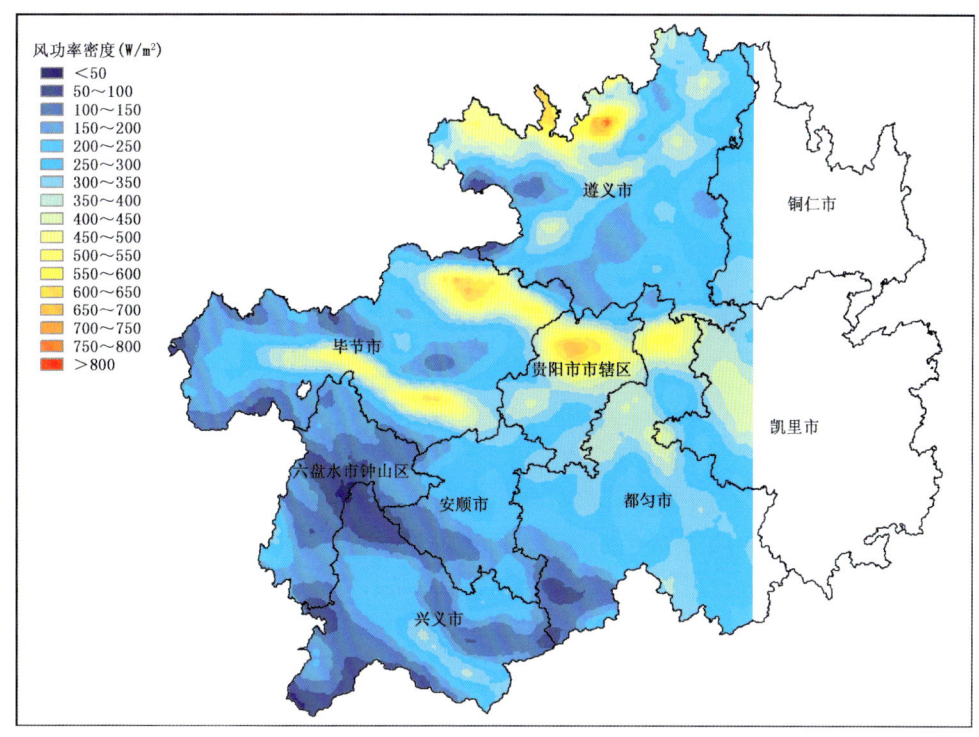

图 4.25 贵州省 2009 年 7 月 70 m 高度月平均风功率密度模拟分布图

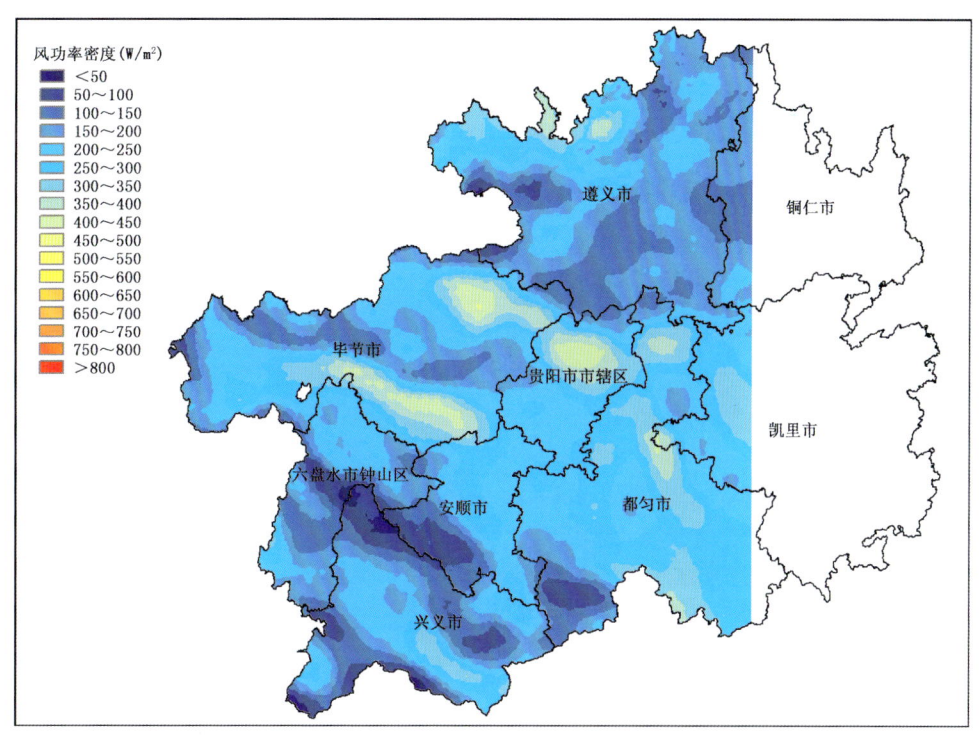

图 4.26 贵州省 2009 年 8 月 70 m 高度月平均风功率密度模拟分布图

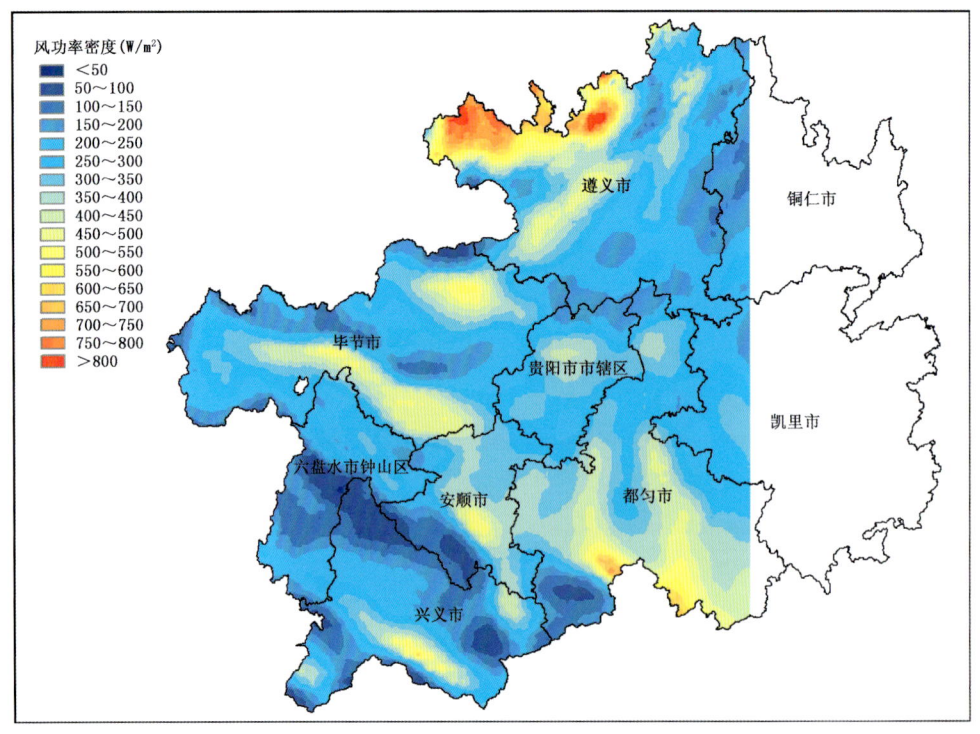

图 4.27　贵州省 2009 年 9 月 70 m 高度月平均风功率密度模拟分布图

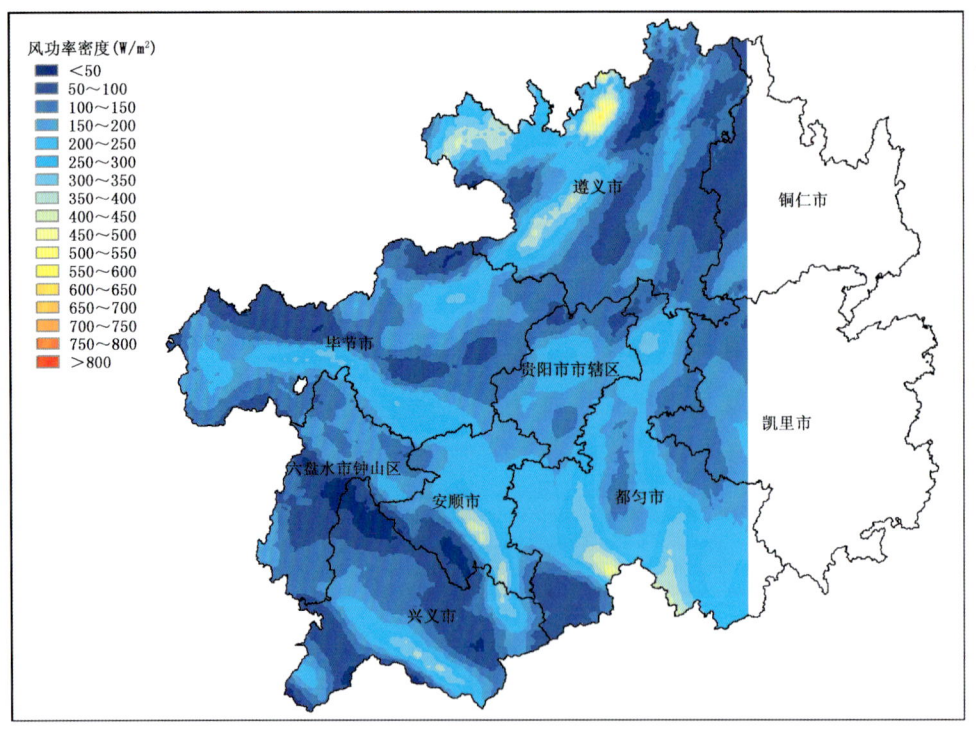

图 4.28　贵州省 2009 年 10 月 70 m 高度月平均风功率密度模拟分布图

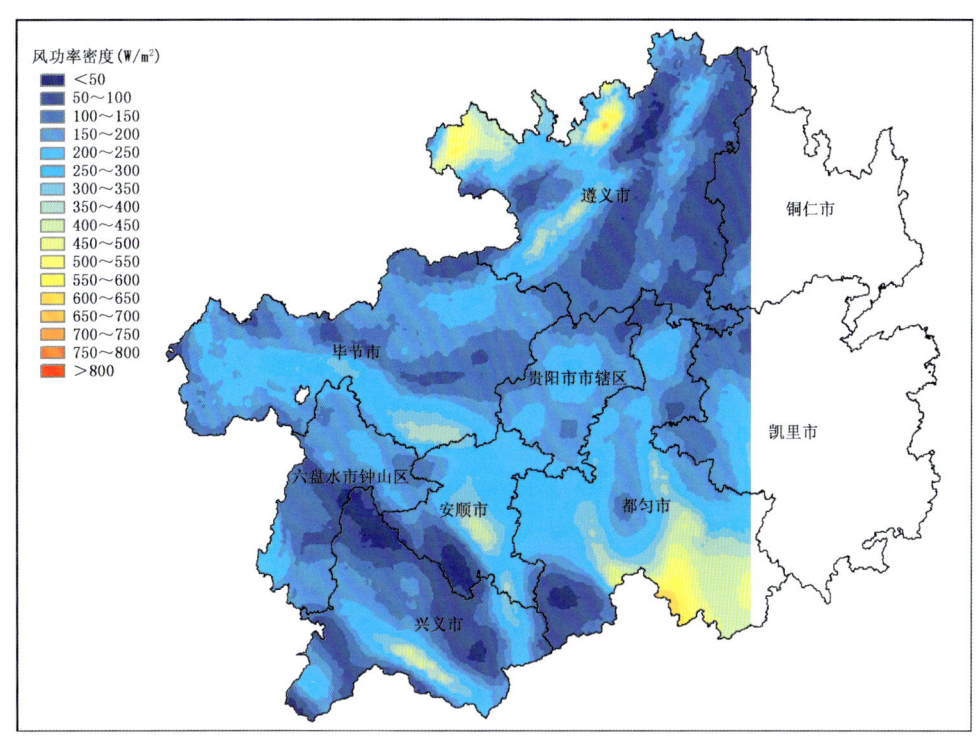

图 4.29 贵州省 2009 年 11 月 70 m 高度月平均风功率密度模拟分布图

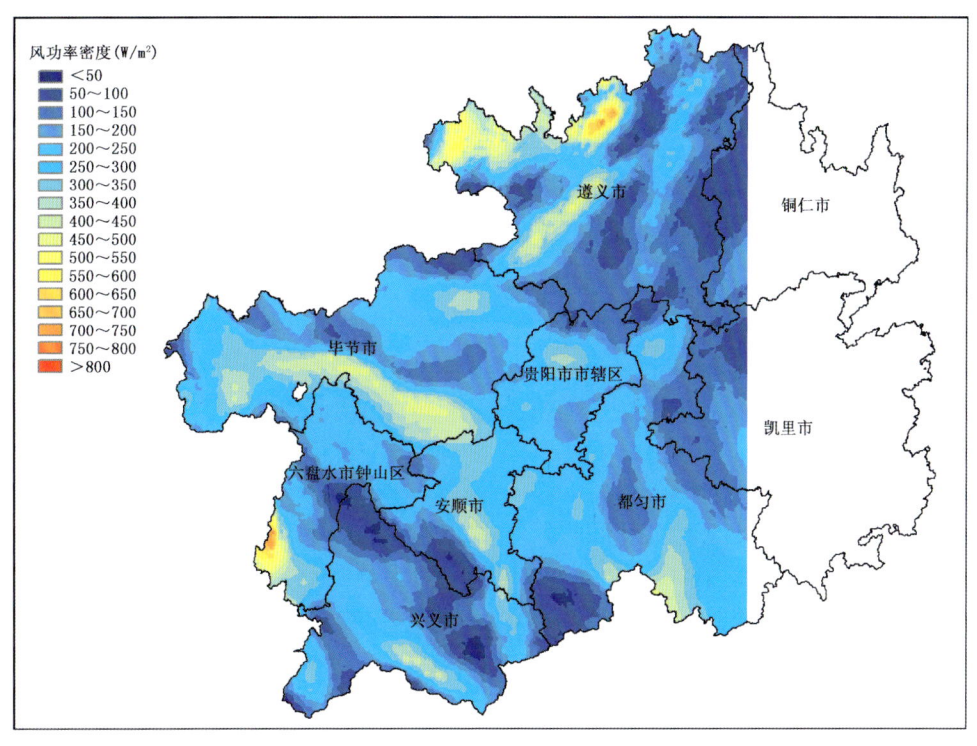

图 4.30 贵州省 2009 年 12 月 70 m 高度月平均风功率密度模拟分布图

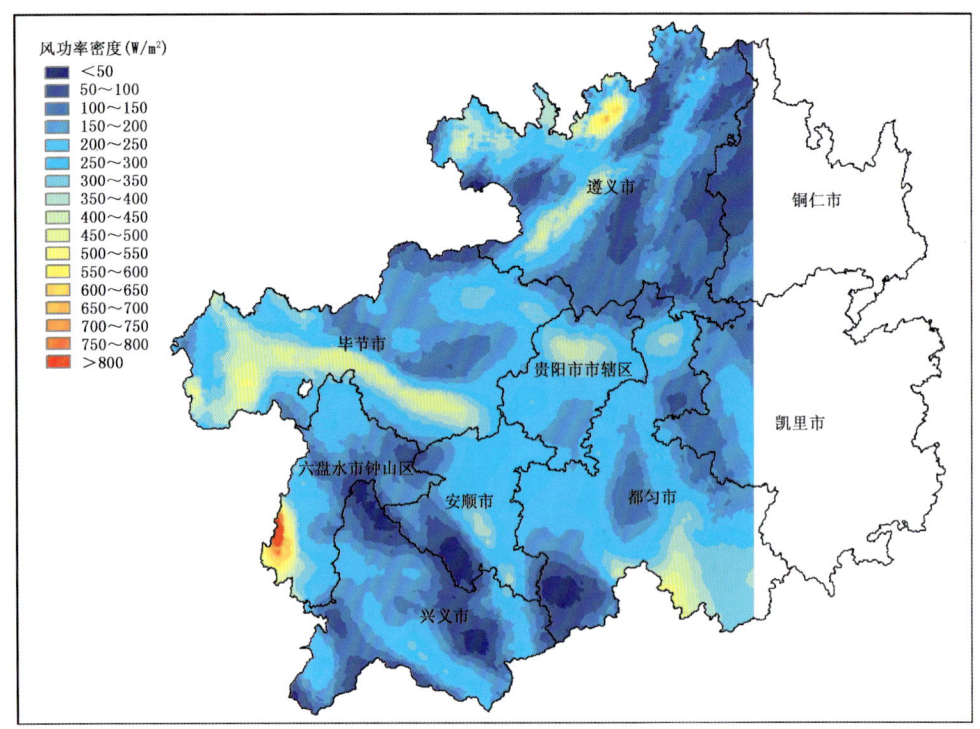

图 4.31 贵州省 2010 年 1 月 70 m 高度月平均风功率密度模拟分布图

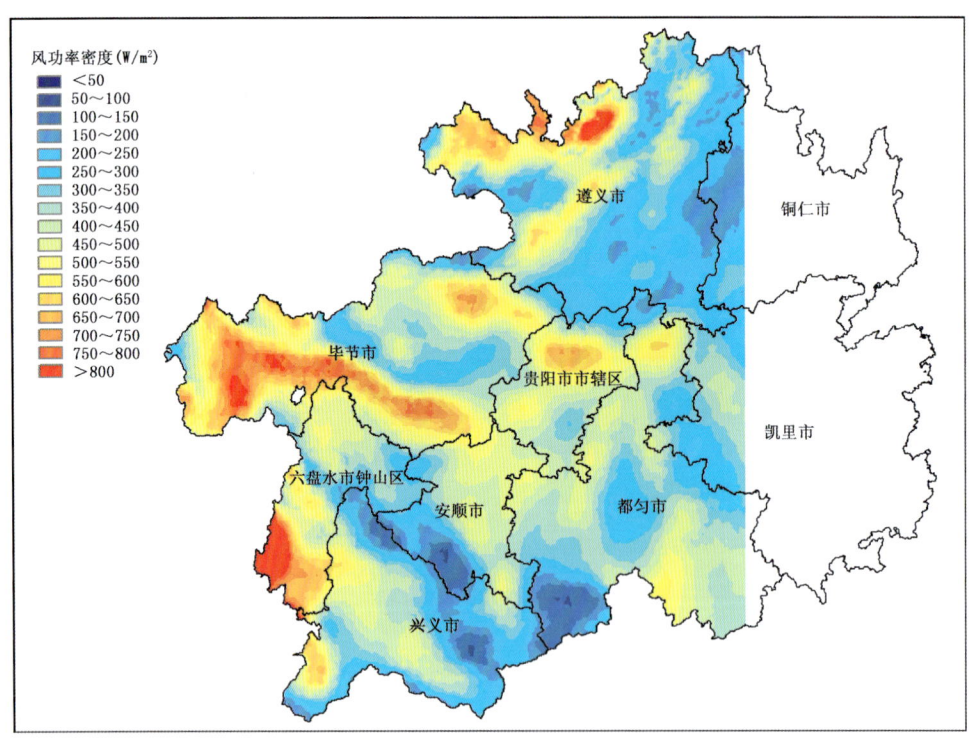

图 4.32 贵州省 2010 年 2 月 70 m 高度月平均风功率密度模拟分布图

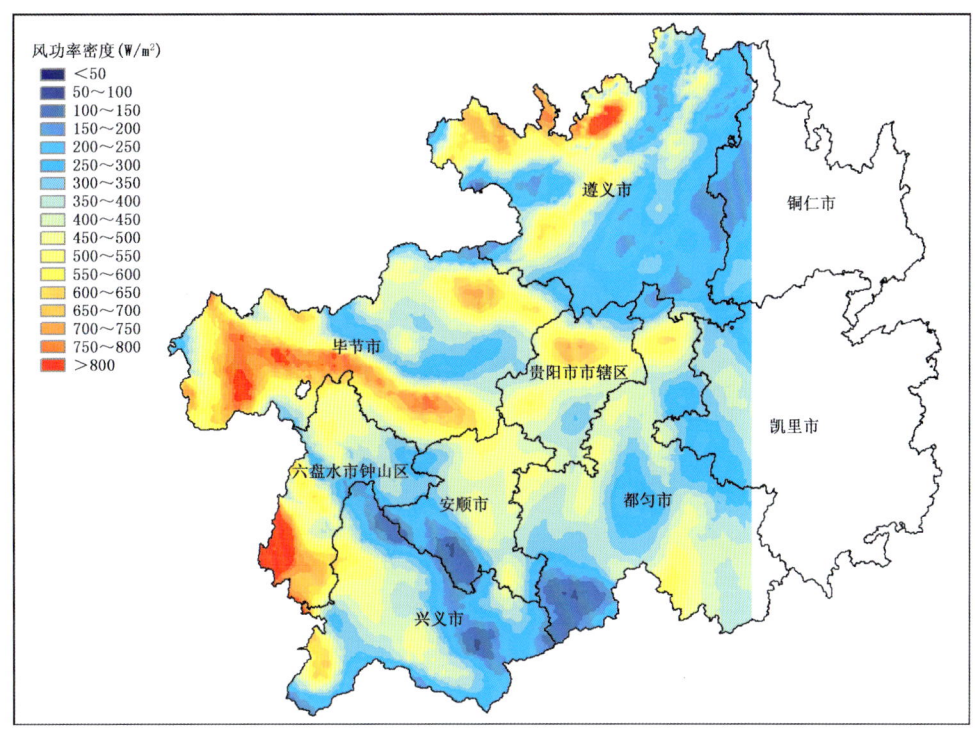

图 4.33 贵州省 2010 年 3 月 70 m 高度月平均风功率密度模拟分布图

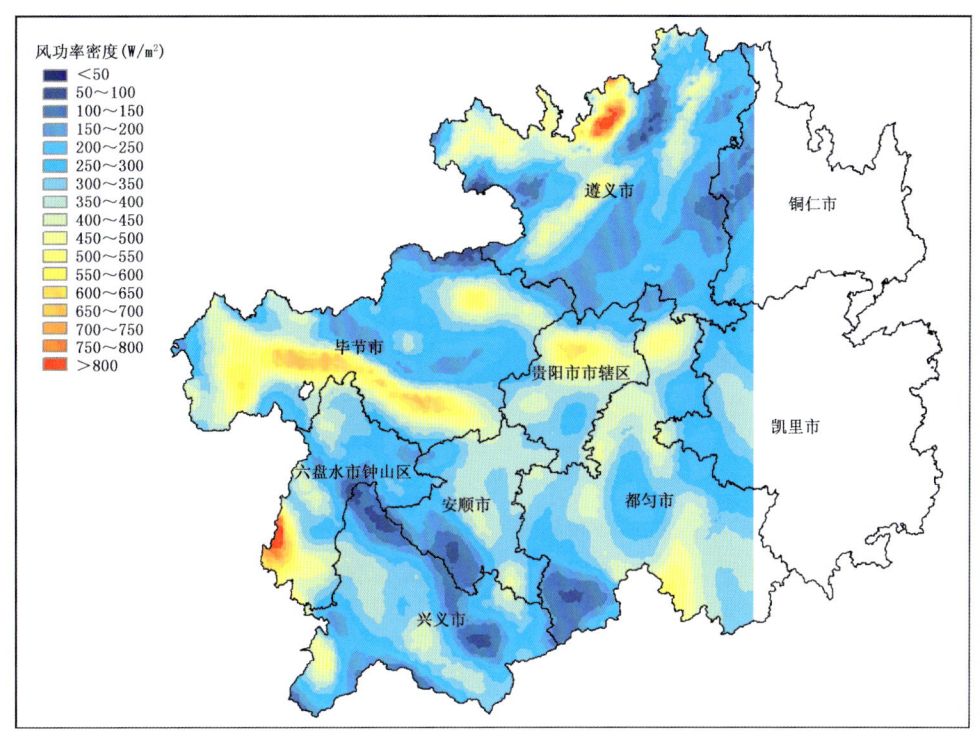

图 4.34 贵州省 2010 年 4 月 70 m 高度月平均风功率密度模拟分布图

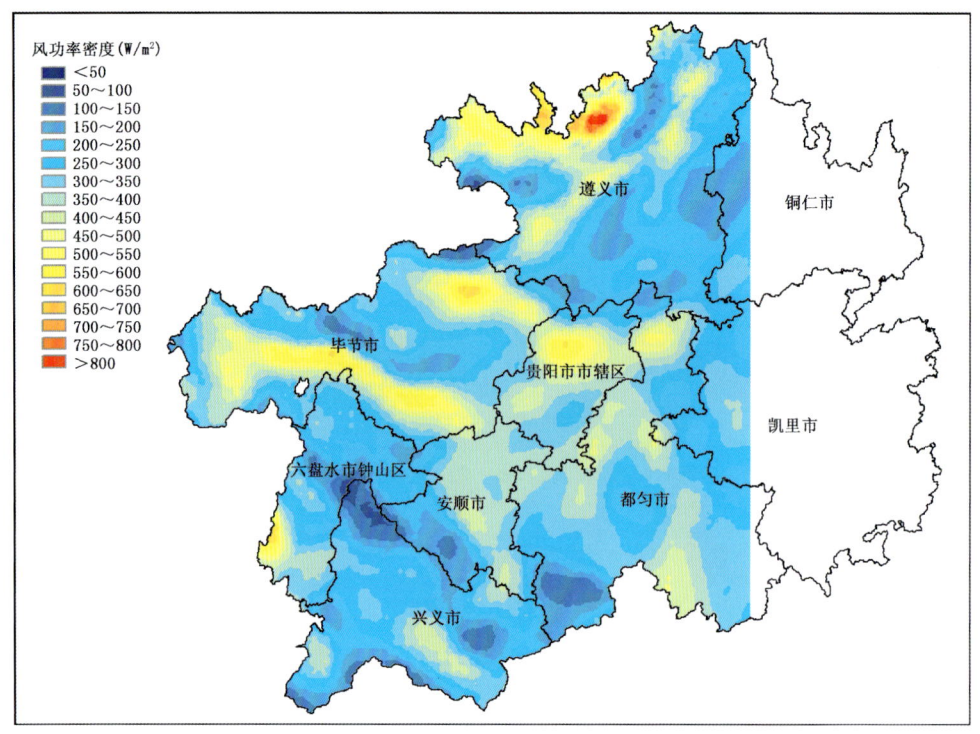

图 4.35　贵州省 2010 年 5 月 70 m 高度月平均风功率密度模拟分布图

## 4.6.2　风能资源长期数值模拟

长期风能资源数值模拟时段为 1979—2008 年，模拟区域为全省范围。模拟结果基本从宏观上反映了模拟区域风能资源分布状况，反映了风速、风功率密度、风向、风能等分布特点。

根据贵州省 50 m、70 m 和 100 m 高度上的年平均风速和风功率密度数值模拟分布图。可以看出，风速和风功率密度较大的区域主要分布在西部的乌蒙山脉、北部的大娄山脉、中部苗岭山脉一线、东部武陵山脉及雷公山脉的山脊及高地平台上，随着离地高度的增高，风速和风功率密度明显提高。模拟结果显示，全省风能资源总体分布极为复杂，年平均风速和风功率密度的高值区与低值区相间出现，变化剧烈；随着海拔高度的升高，风速和风功率密度总体呈上升趋势，相对高度对风速和风功率密度的影响远大于海拔高度，体现为风区与地形及坡度相关密切，全省大片相对高度较低区域风速在 5.0 m/s 以下，分布零散而广泛（图 4.36～图 4.41）。

与短期数值模拟结果相比，长期数值模拟结果同样反映出短期数值模拟的主要特征，而且反映的空间差异更为明显。数值模拟结果总体上反映出，毕节详查区、六盘水详查区详查点风能资源较好。

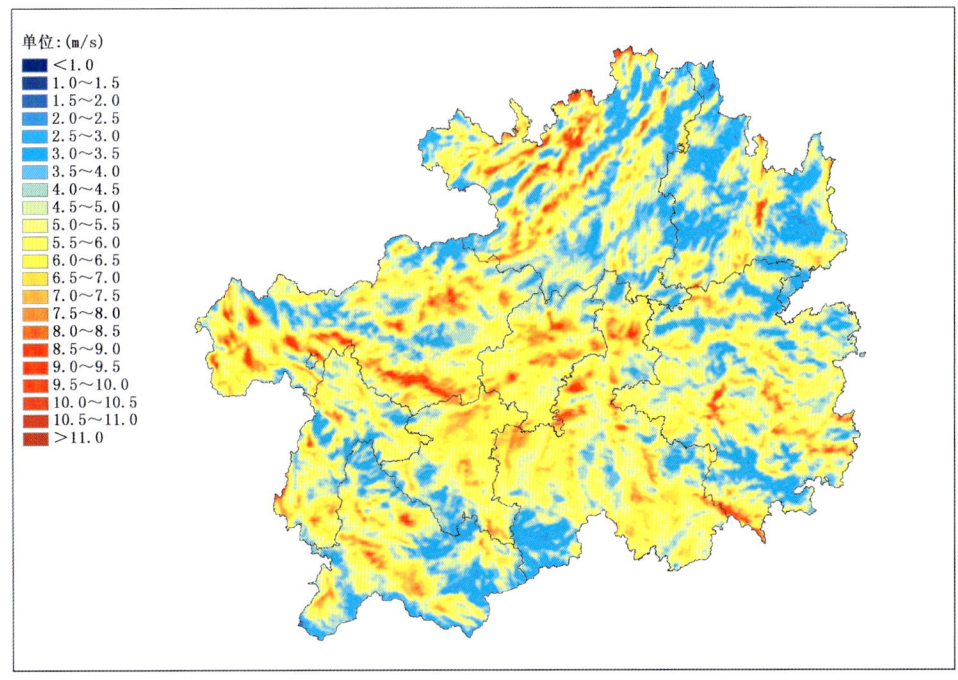

图 4.36　贵州省 1979—2008 年 50 m 高度累年平均风速密度数值模拟分布图

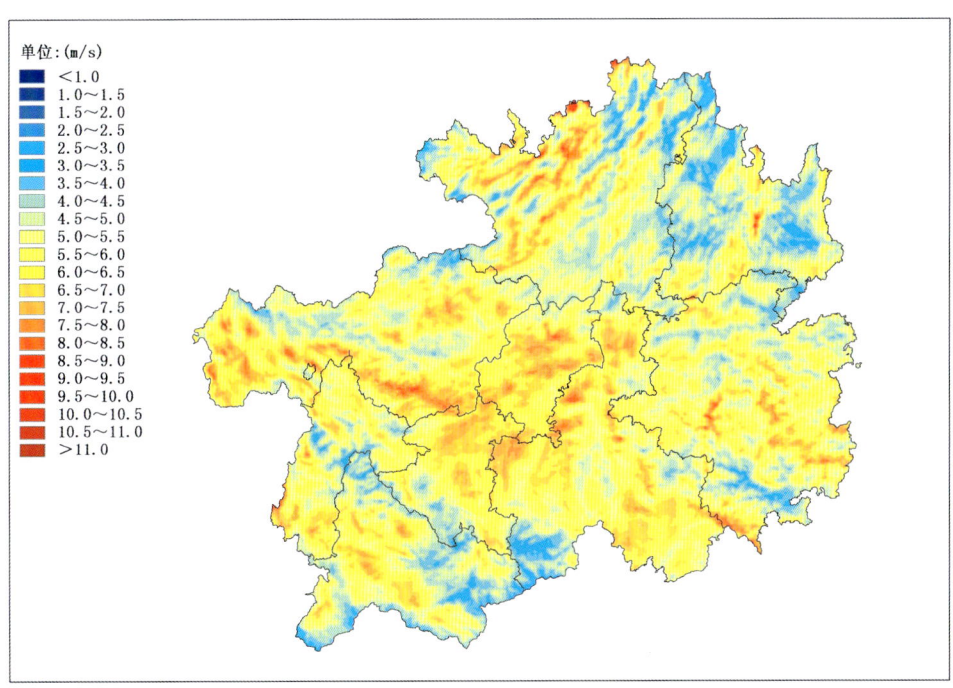

图 4.37　贵州省 1979—2008 年 70 m 高度累年平均风速密度数值模拟分布图

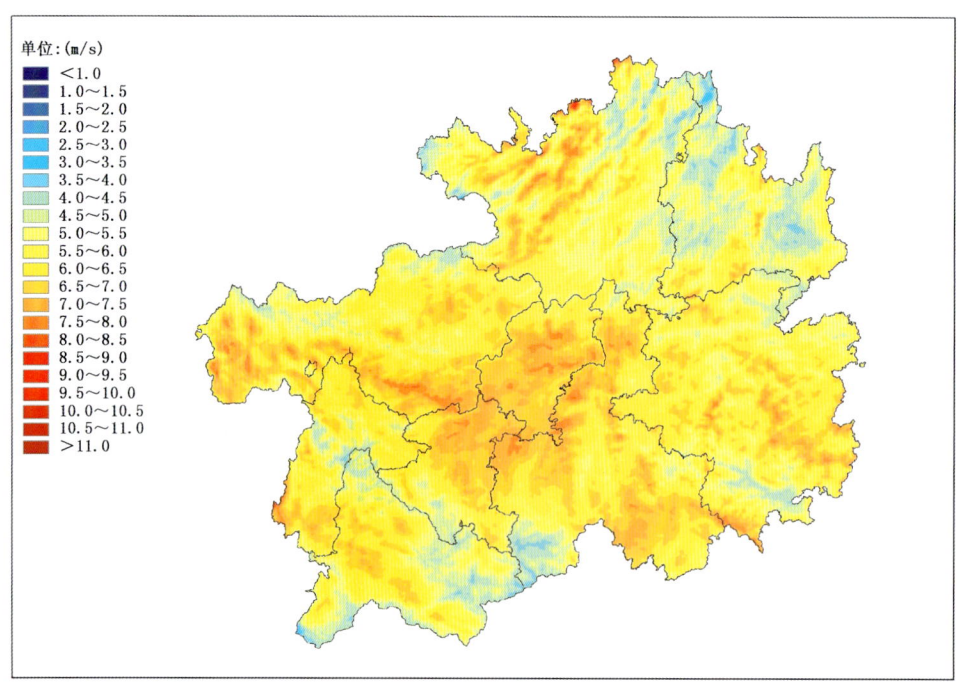

图 4.38 贵州省 1979—2008 年 100 m 高度累年平均风速密度数值模拟分布图

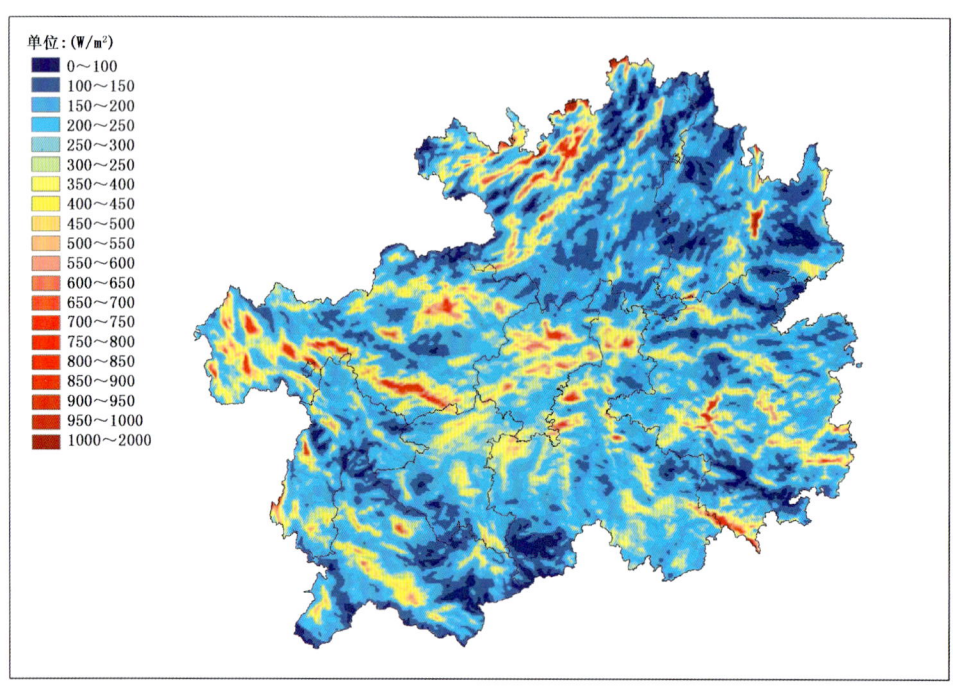

图 4.39 贵州省 1979—2008 年 50 m 高度累年平均风功率密度数值模拟分布图

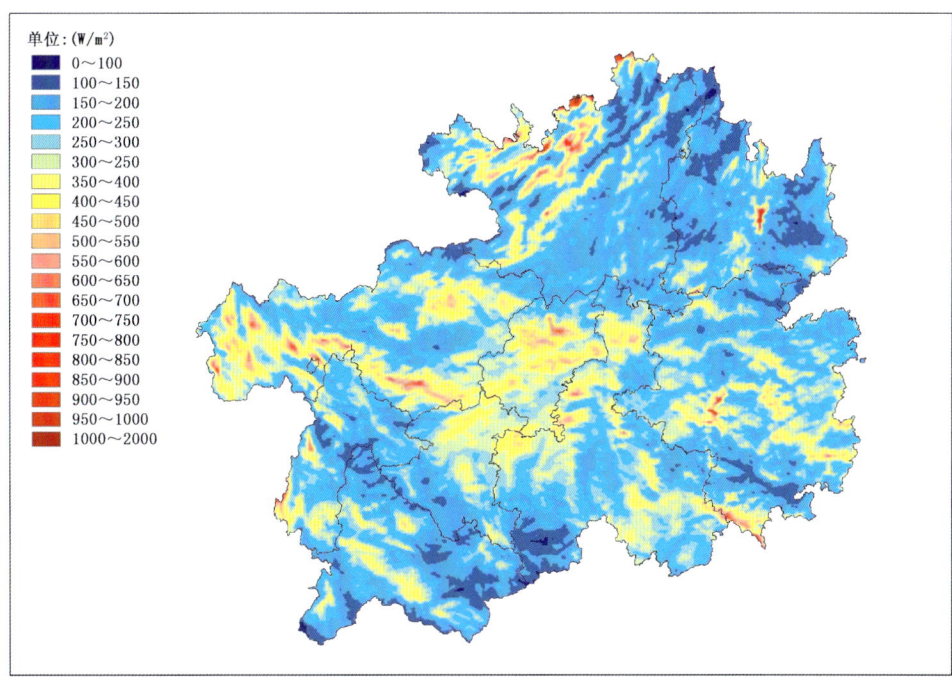

图 4.40　贵州省 1979—2008 年 70 m 高度累年平均风功率密度数值模拟分布图

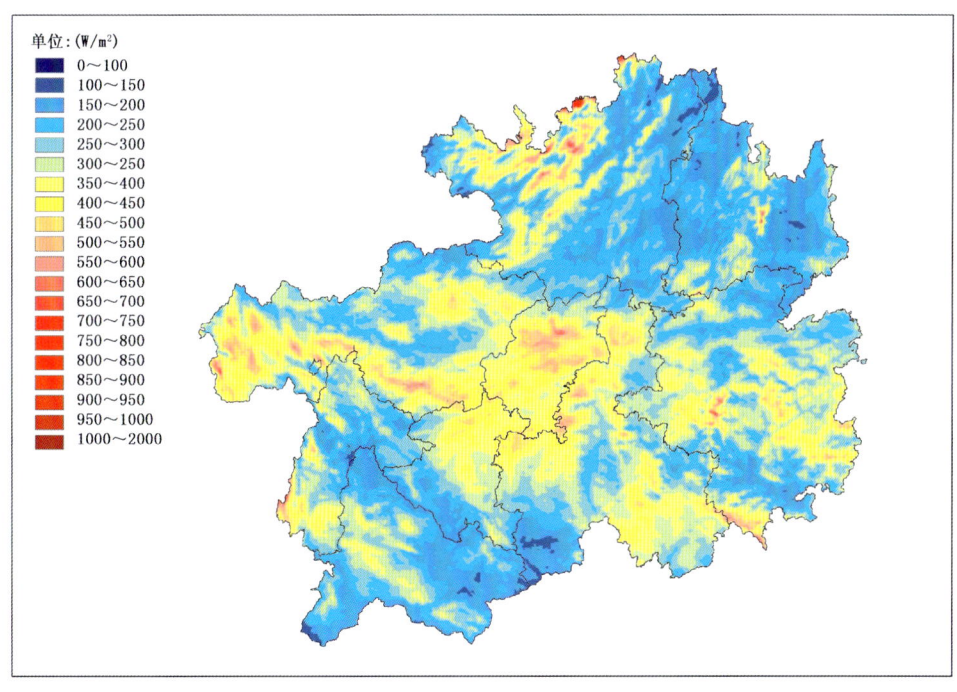

图 4.41　贵州省 1979—2008 年 100 m 高度累年平均风功率密度数值模拟分布图

从 50 m、70 m 和 100 m 高度的四季常年平均风速和风功率密度数值模拟分布图可以看出，全省风速和风功率密度总体表现为春季最大、冬季次之、秋季最小的特点，而且随着离地高度的增高，各季风速和风功率密度均不同程度的增大。

在 70 m 高度，全省春季有 1/3 左右区域风速大于 6.0 m/s，1/4 左右区域风功率密度大于 300 W/m²，300 W/m² 以上区域主要分布在毕节市西部及中南部、六盘水市大部、遵义市中北部、贵阳市大部、安顺市中北部、黔南州中北部及东南部、黔西南州中部、黔东南州中部及西南部、铜仁市中部及西南部；夏季及秋季，全省大部分地区的风功率密度在 100 W/m² 以下；冬季，1/5 左右区域风功率密度大于 300 W/m²，300 W/m² 以上区域主要分布在毕节市西部及南部、六盘水市局部、遵义市中北部、贵阳市中部、安顺市中北部、黔南州北部及东部南部、黔西南州中部、黔东南州中部及西南部、铜仁市中部（图 4.42～图 4.45）。

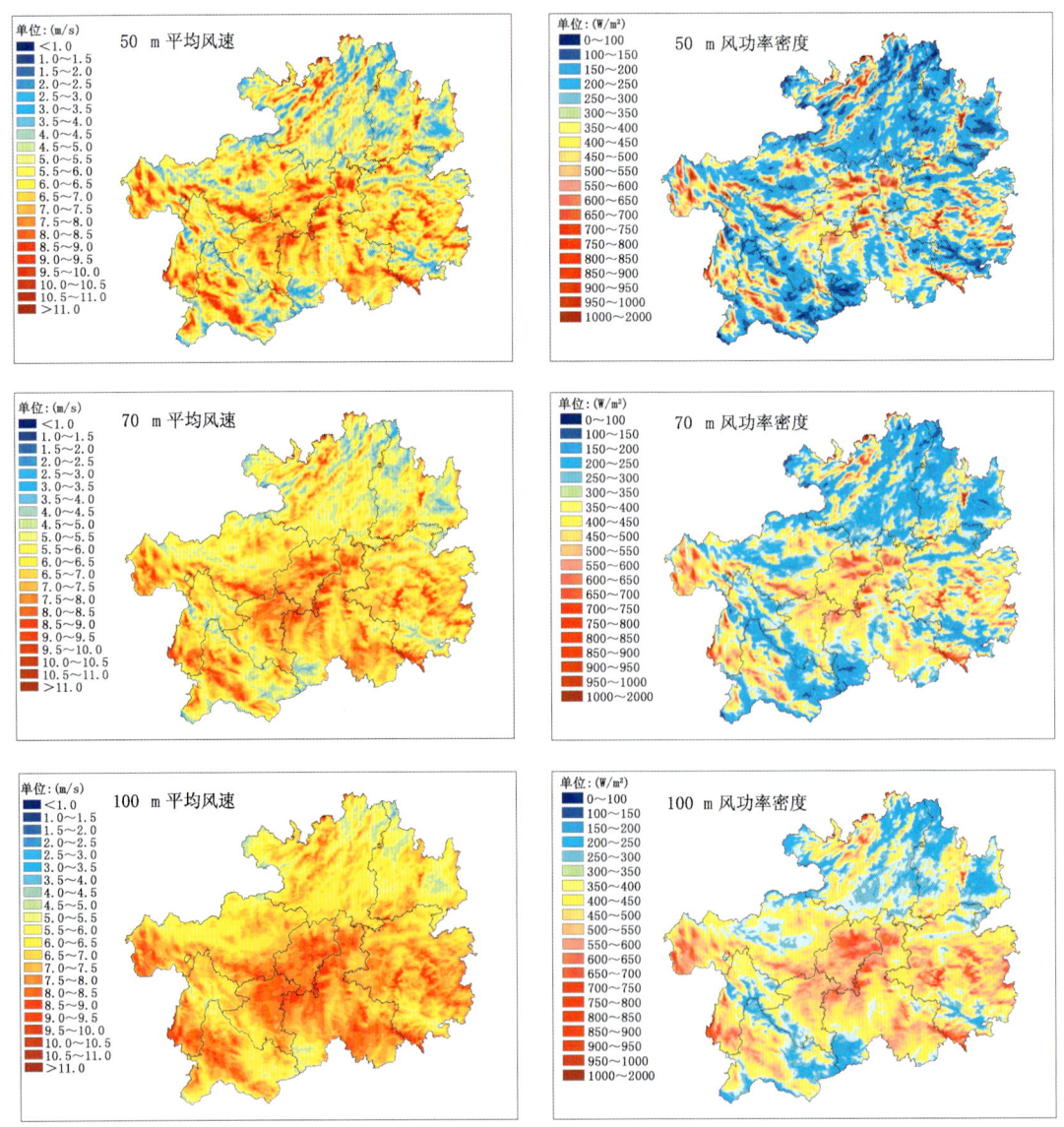

图 4.42 贵州省 50 m、70 m 和 100 m 高度累年春季风速及风功率密度数值模拟分布图

贵州省的风能资源分布特征与天气气候背景有密切的关系。贵州属亚热带季风气候,东半部在全年湿润的东南季风区内,西半部处于无明显的干湿季之分的东南季风向干湿明显的西南季风区的过渡地带,形成贵州大风的天气系统主要有热低压、中小尺度对流云团、强冷锋过境三类,热低压多在春季出现,中小尺度对流云团多在春夏发生,强冷锋过境多在冬季发生。

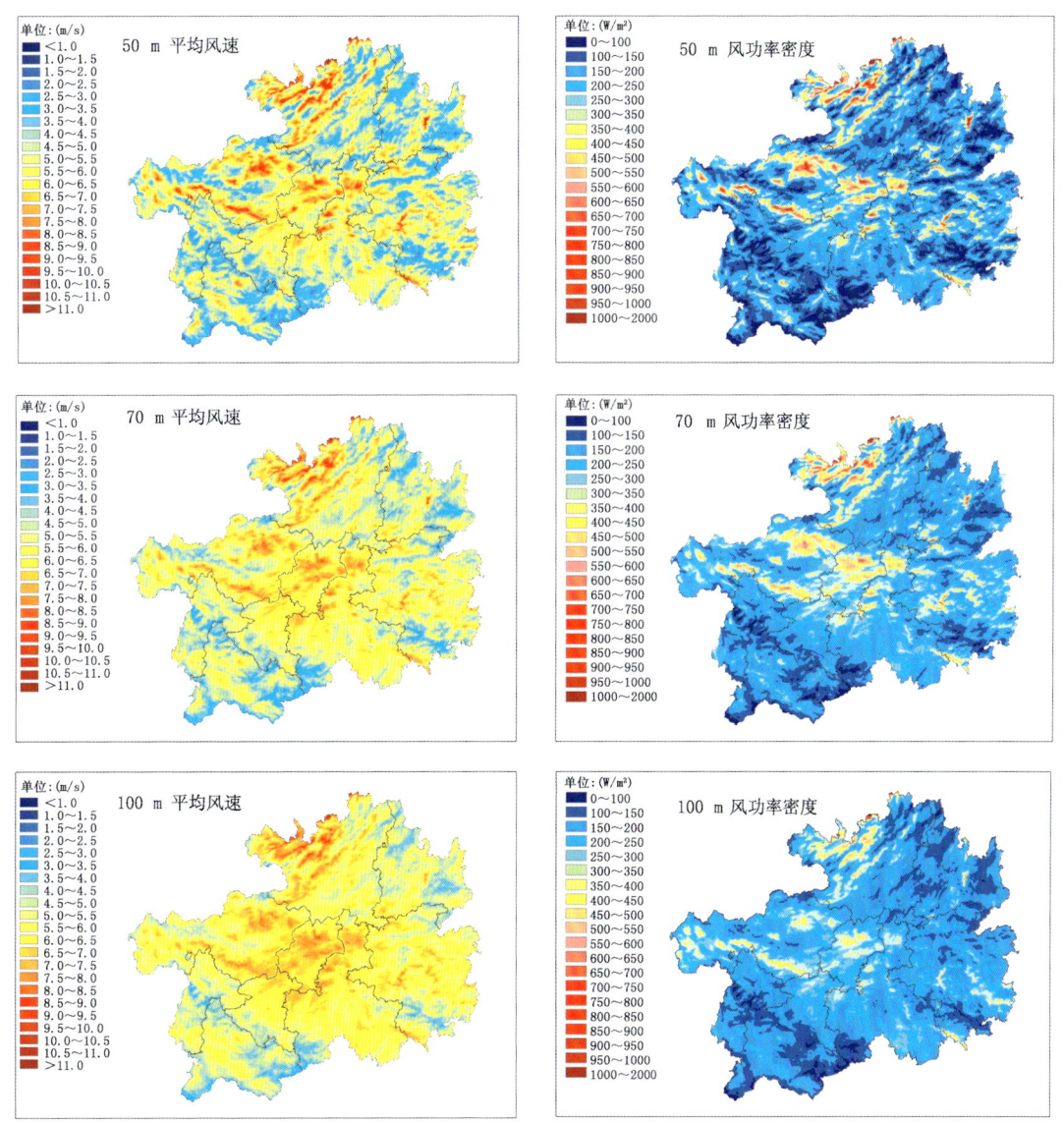

图 4.43 贵州省 50 m、70 m 和 100 m 高度累年夏季风速及风功率密度数值模拟分布图

以下是绘制的贵州省代表区域主要风能方向分布和代表点的全年风向、风能玫瑰数值模拟图(图 4.46)。代表区域位于毕节市西部,为贵州风能资源丰富且重点开发的区域,代表点则位于毕节市威宁县西部(东经 103.856148°,北纬 26.915518°)。长期数值模拟显示,代表区域主导风向和主能量风向受地形影响明显,大部地区以偏西南风或偏西北风为主,代表点以偏南风为主导风向和主能量风向的特点,与实测风向比较吻合。

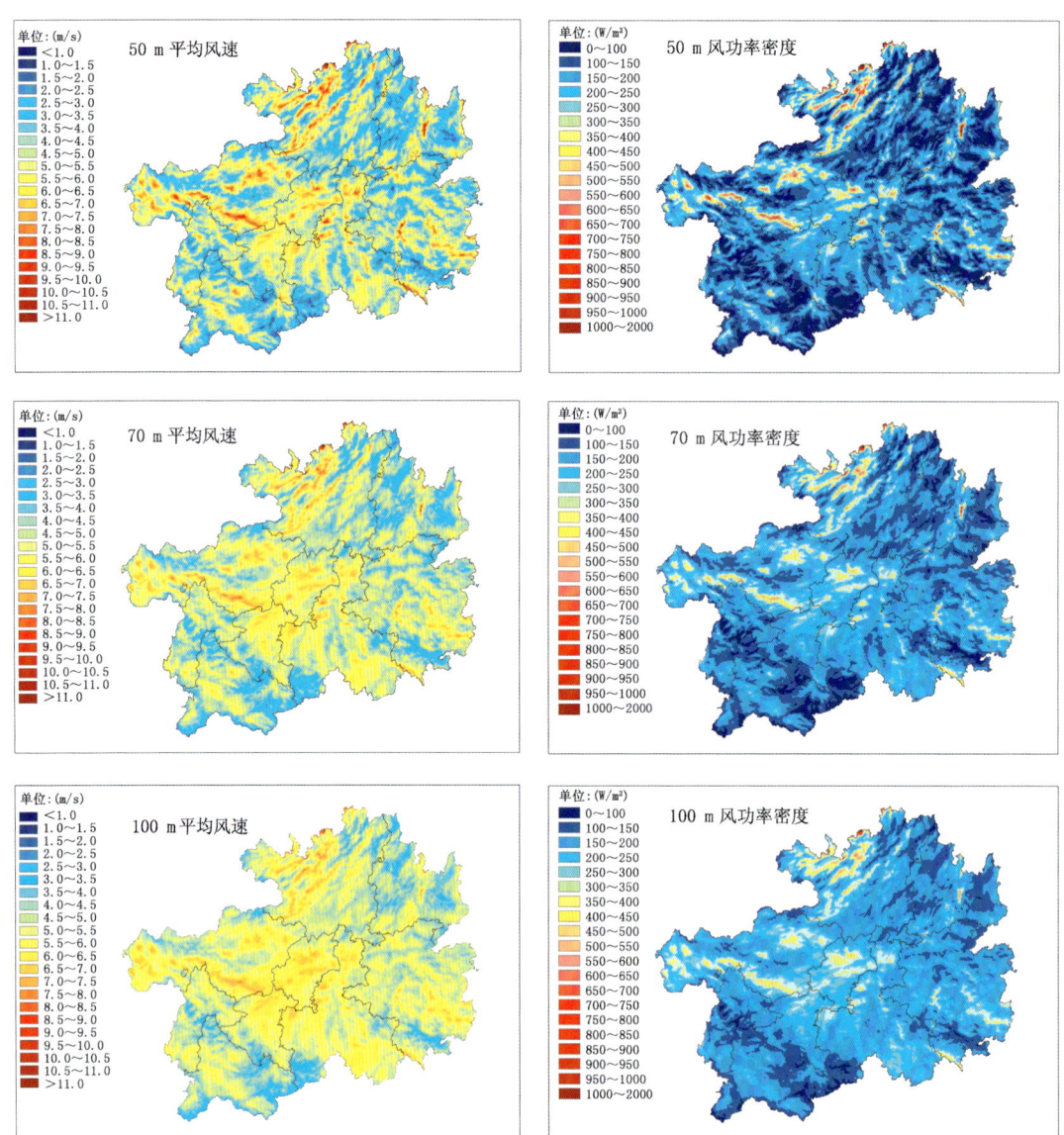

图 4.44　贵州省 50 m、70 m 和 100 m 高度累年秋季风速及风功率密度数值模拟分布图

由图 4.46 可见,代表区域前三个主能量方向多以偏西南风和偏西北风为主,六盘水市西北局部主能量方向以东南风为主,在数值模拟分布图上具有风能资源开发潜力的地区,代表点在 70 m 高度,主风向 WSW 及 S 风,风向频率均为 12%;主风能方向为 WSW,风能频率约为 28%(图 4.46)。

风速和风能频率特征:选用同样的代表点风速和风能频率的数值模拟结果分析。代表点在 70 m 高度,风速和风能频率分布均符合威布尔(Weibull)分布,最多风速区间为 4.6～5.5 m/s,约占总时数的 12.5%,最大风能区间为 10.6～11.5 m/s、11.6～12.5 m/s,各占总风能的 10.5%。

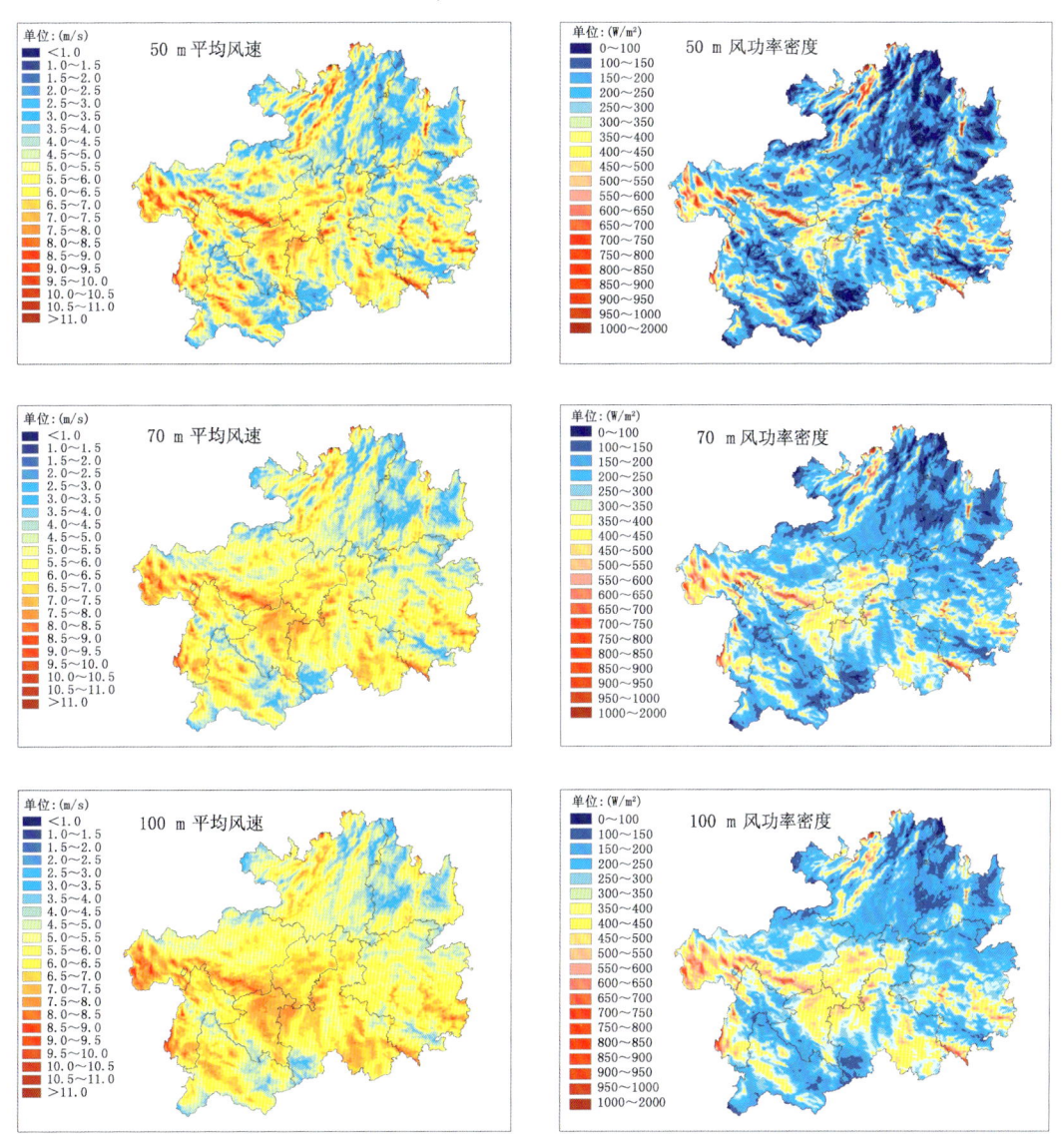

图 4.45 贵州省 50 m、70 m 和 100 m 高度累年冬季风速及风功率密度数值模拟分布图

## 4.6.3 风能资源数值模拟结果的不确定性分析

由于数值模拟只是利用测风塔和气象站实测风观测资料作为初始值来模拟一个地区的风能资源,因其空间分辨率较低,对许多具有开发利用潜力的地区无识别能力,而全部采用现场实测方式作资源评估,所需费用太高,时间周期也较长,全面开展高精度的实测评估不现实,必须采取其他手段来解决问题。因此,开展数值模拟与风能资源实测相结合的方式进行风能资源评估是当前的主要技术手段。应用数值模式进行风能资源分布数值模拟,由于受模式、资料、分辨率等技术和条件等因素限制,在平坦、均一化地形地貌条件下,模拟结果能够较好地代表实际情况,但在复杂地形地势下,模拟结果仅能代表模拟区域附近的平均状况,模拟结果与实际风能资源情况存在一定差异,因此,在结果应用中尚存在一定的不确定性。一般来说,风

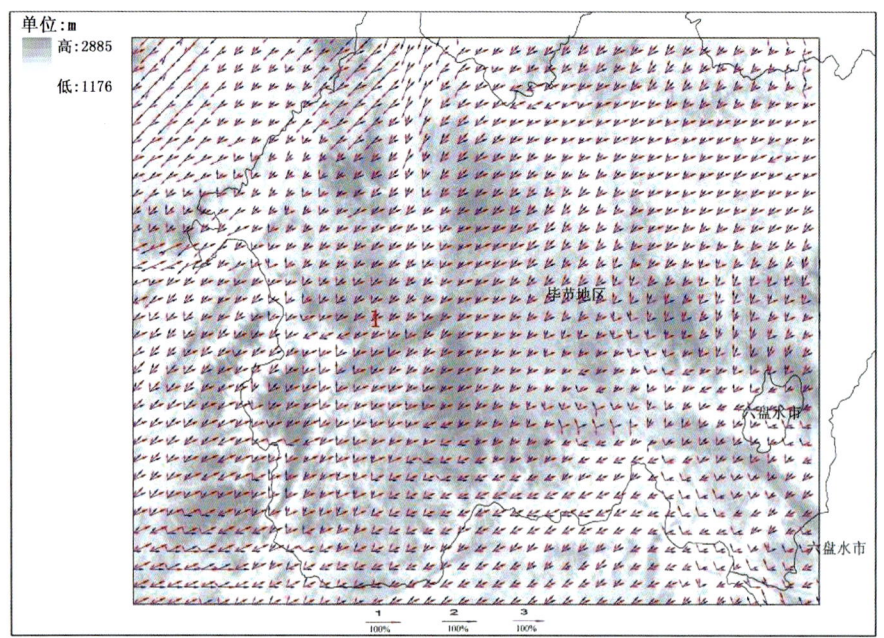

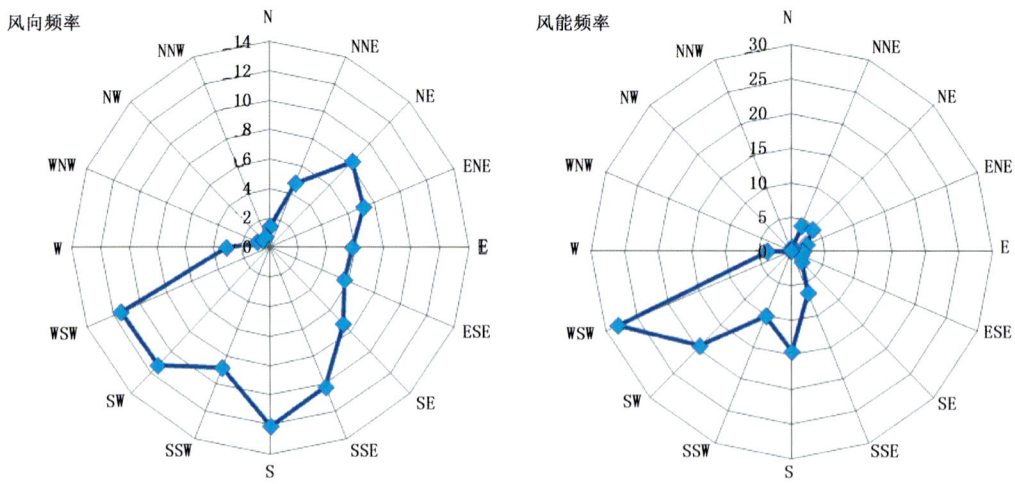

图 4.46　代表区域主要风能方向分布和代表点全年风向、风能玫瑰数值模拟图

能资源数值模拟结果在空间宏观分布上比较准确,只是在风速、风功率密度等风能参数具体数值的大小上有所偏差。根据风能资源短期数值模拟结果与同期测风塔观测数据的对比分析,短期数值模拟误差范围在 7.86%～8.86%,平均相对误差为 8.31%,长期数值模拟误差范围在 5.15%～15.14%,平均相对误差为 9.7%。总体看,由于复杂地形下模拟精度的影响,数值模拟结果产生了一定误差,但误差在现阶段的区域风能资源评估中基本处于可接受的误差范围内。作为唯一能反映一般范围内风能资源的手段,该技术方法对风能资源的估算具有不可替代的作用,其结果对风能资源规划及开发利用具有科学的指导意义(图 4.47)。

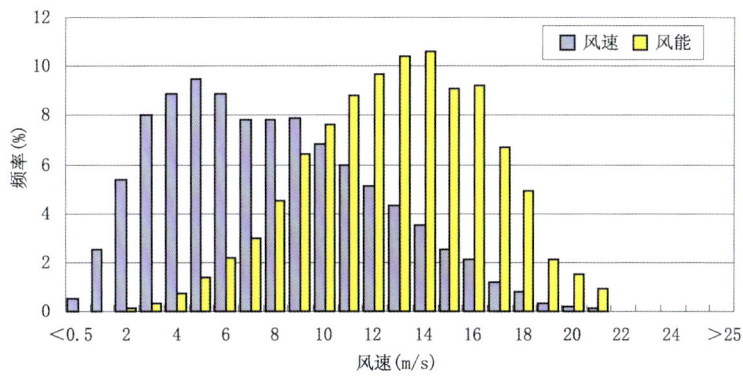

图 4.47　24006 测风塔 70 m 高度风速和风能频率分布直方图

### 4.6.4　风能资源的 GIS 空间分析

应用地理信息系统(Geographic Information System,GIS)技术,基于风能资源的 GIS 空间分析原则,得到贵州省 70 m 高度≥200 W/m² 的技术开发面积为 2769 km²,技术开发量为 770×10⁴ kW;≥250 W/m² 的技术开发面积为 2002 km²,技术开发量为 558×10⁴ kW;≥300 W/m² 的技术开发面积为 1630 km²,技术开发量为 456×10⁴ kW;≥400 W/m² 的技术开发面积为 568 km²,技术开发量为 157×10⁴ kW(表 4.14)。

贵州省各等级可装机密度分布区域较为零散,1～2 MW/km² 区域主要分布在瓮安、福泉;2～3 MW/km² 区域主要零散分布在毕节市、贵阳市西部、盘县、台江,在其他地区也有零星分布;3～4 MW/km² 区域主要在毕节市西部及东部、贵阳市西部、黔东南州中西部、遵义市中北部零星分布;4～5 MW/km² 区域分布于威宁、盘县南部、安龙及册亨。

表 4.14　贵州省 70 m 高度风能资源技术开发量

| | ≥400 W/m² | | ≥300 W/m² | | ≥250 W/m² | | ≥200 W/m² | |
|---|---|---|---|---|---|---|---|---|
| | 技术开发量 (×10⁴ kW) | 技术开发面积(km²) | 技术开发量 (×10⁴ kW) | 技术开发面积(km²) | 技术开发量 (×10⁴ kW) | 技术开发面积(km²) | 技术开发量 (×10⁴ kW) | 技术开发面积(km²) |
| 70 m 高度 | 157 | 568 | 456 | 1630 | 558 | 2002 | 770 | 2769 |

## 4.7　风能资源综合评估

### 4.7.1　全省风能资源特征

根据一年的测风塔实测数据来看,三个详查区风能资源较好的区域位于六盘水详查区盘县老黑山一带和毕节详查区威宁百草坪一带,70 m 高度年平均风速达 7.1～7.8 m/s,年平均风功率密度为 341.5～412.4 W/m²;其次为六盘水详查区盘县黄茅坪一带和毕节详查区赫章雨磨山一带,70 m 高度年平均风速达 6.0～6.4 m/s,年平均风功率密度为在 200 W/m² 左右;其他已观测的地区,如黔南详查区龙里草原一带和惠水摆榜测一带,年平均风速为 5.0～5.8 m/s,也具有一定的开发利用价值。

从全省短期和长期数值模拟结果来看，风能资源，西部好于东部，中部好于南部及北部，但高值区分布相对零散，分布复杂。全省各地常年年平均风功率密度 300 W/m² 以上区域主要分布如下：

毕节市，威宁大部，赫章南部、纳雍中部、织金中部、大方中东部、金沙南部、毕节、黔西局部；

六盘水市，水城中部，盘县北部及中南部，六枝局部；

黔西南州，普安中部及南部，兴义西部，安龙中部一线，册亨、晴隆、望谟局部；

遵义市，主要在中部以北区域分布，包含桐梓中部、北部及南部一线，习水中部、北部，道真北部、仁怀东部、遵义县西部、绥阳中部，其余地区局部；

贵阳市，贵阳北部、息烽南部、开阳中部、修文中东部、清镇中部；

安顺市，安顺北部、平坝西部、普定东部及北部、镇宁、关岭局部等；

黔南州，龙里中部及南部、贵定北部，瓮安、福泉交界区域、都匀中部、独山中南部及北部、荔波东北部，其余地区零星分布；

铜仁市，石阡西部、印江南部、江口北部、铜仁市南部、万山中部，其余地区局部；

黔东南州，凯里局部、雷山大部、台江中部一线、剑河中部及北部、三穗南部、黎平中北部、三都南部、从江南部，其余地区零星分布。

### 4.7.2 各详查区风能资源特征

从贵州黔南、六盘水和毕节三个风能资源详查区 6 座测风塔 2009—2010 年实测数据分析和推算的近 20 年长年代平均风功率密度来看，盘县老黑山和威宁百草坪一带风能资源最为丰富，70 m 高度年平均风速达到 7.0 m/s 以上，年平均风功率密度达到 328.6～396.8 W/m²，风能资源等级为 2～3 级；盘县黄茅坪和赫章雨磨山一带风能资源相差不大，70 m 高度年平均风速为 6.0～6.3 m/s，年平均风功率密度达到 192.5～201.3 W/m²，风能资源等级为 1～2 级；龙里草原和惠水摆榜一带 70 m 高度年平均风速为 4.9～5.7 m/s，年平均风功率密度达到 92.3～157.1 W/m²，风能资源等级为 1 级。

参考 IEC61400-1-2005 给出的风机分类标准，以 70 m 高度为准，黔南详查区龙里草原区域适合 IEC Ⅲ$_B$ 安全等级风机；黔南详查区惠水摆榜区域适合 IEC Ⅲ$_C$ 安全等级风机；六盘水详查区老黑山区域适合 IEC Ⅲ$_A$ 安全等级风机；六盘水详查区黄茅坪区域适合 IEC Ⅲ$_A$ 安全等级风机；毕节详查区雨磨山区域适合 IEC Ⅲ$_C$ 安全等级风机；毕节详查区百草坪区域适合 IEC Ⅲ$_C$ 安全等级风机。

### 4.7.3 风电开发建议

依据实测及全省短期和长期数值模拟初步结果，单从风能角度来看，风能资源开发价值较大的区域主要有：

区域一：毕节地区西部、南部及中北部、六盘水中部及南部；

区域二：遵义市中北部、贵阳中部；

区域三：黔东南州中东部局部、榕江县与荔波交界地带等区域；

区域四：黔南州北部、黔西南州中部局部、铜仁市局部。

各地风能资源详细分布情况，需建塔实测，进行进一步评估论证。区域一均为高海拔的山区,风能资源开发需充分考虑施工安装和并网条件,充分考虑冰冻及防雷等气象风险;区域二、三、四也需充分考虑施工安装和并网条件,考虑冰冻及防雷等气象风险,同时考虑基本农田及居民点情况。

# 第5章 贵州风电场风资源评估方法

根据拟建风电场的规模和开发方式的不同,风电场资源评估可采用现场测风评估方法和数值模拟评估方法来进行。具体为大型风电场(即集中式开发风电场)项目需按照相关规范、标准,设立测风塔进行现场观测评估;中小型风电场(即分散式风电场)项目可按照相关规定,采用数值模拟技术方法进行资源评估。

## 5.1 基于现场测风数据的评估方法

大型风电场项目,根据国家标准《(GB/T 18709—2002)风电场风能资源测量方法》和国家发展和改革委员会下发的《风电场风能资源测量和评估技术规定》要求,需在风电场开发范围内设置测风塔进行至少一年的连续测风观测。测风满一年后可开展风电场风能资源评估,风能资源评估是在对现场测风数据进行质量控制及插补订正的基础上开展的。根据实测数据处理形成的各种风能计算参数,对风电场风能资源进行综合评估,以判断风电场是否具有开发价值。

### 5.1.1 评估参数定义及计算

#### 5.1.1.1 空气密度

空气密度直接影响风能的大小,在同等风速条件下,空气密度越大风能越大。空气密度计算公式如下:

$$\rho = \frac{1.276}{1+0.00366t} \times \frac{p-0.378e}{1000} \tag{5.1}$$

式中,$\rho$ 为空气密度($kg/m^3$);$p$ 为气压(hPa);$t$ 为气温(℃);$e$ 为水汽压(hPa)。

#### 5.1.1.2 平均风速

给定时间内瞬时风速的平均值。平均风速计算公式如下:

$$\bar{v}_E = \frac{1}{n}\sum_{i=1}^{n} v_i \tag{5.2}$$

式中,$\bar{v}_E$ 为平均风速;$v_i$ 为风速观测序列;$n$ 为平均风速计算时段内(年、月)风速序列个数。

#### 5.1.1.3 风速频率

以 1m/s 为一个风速区间,计算年测风序列中每个风速区间内风速出现的频率。每个风速区间的数字代表中间值,如 5.0 m/s 风速区间为 4.6~5.5 m/s。

#### 5.1.1.4 风向和风能密度分布

以 16 方位各风向频率描述风的方向分布特征。风向频率指设定时段各方位风出现的次数占全方位风向出现总次数的百分比。

风能密度计算公式为:

$$D_{WE} = \frac{1}{2}\sum_{i=1}^{n}\rho v_i^3 t_i \tag{5.3}$$

式中,$D_{WE}$ 为风能密度((W·h)/m²);$n$ 为风速区间数目;$\rho$ 为空气密度(kg/m³);$v_i^3$ 为第 $i$ 风速区间的风速(m/s)值的立方;$t_i$ 为某扇区或全方位第 $i$ 个风速区间的风速发生的时间(h)。

风能密度分布是指设定时段各方位的风能密度占全方位总风能密度的百分比。

#### 5.1.1.5 平均风功率密度

平均风功率密度按下式计算:

$$\overline{D}_{WP} = \frac{1}{2n}\sum_{i=1}^{n}\rho v_i^3 \tag{5.4}$$

式中,$\overline{D}_{WP}$ 为设定时段的平均风功率密度(W/m²);$n$ 为设定时段内的记录数;$v_i$ 为第 $i$ 记录风速(m/s)值;$\rho$ 为空气密度。

平均风功率密度的计算应是设定时段内逐小时风功率密度的平均值,不可用年平均风速计算年平均风功率密度。

#### 5.1.1.6 有效小时数

计算年测风序列中风速在 3~25 m/s 的累计小时数。

#### 5.1.1.7 风速垂直切变

近地层风速的垂直分布主要取决于地表粗糙度和低层大气的层结状态。在中性大气层结下,对数和幂指数方程都可以较好地描述风速的垂直廓线,实测数据检验结果表明,幂指数公式比对数公式可以更精确地拟合风速的垂直廓线,我国新修订的《建筑结构设计规范》也推荐使用幂指数公式,其表达式为:

$$v_2 = v_1 \left(\frac{z_2}{z_1}\right)^\alpha \tag{5.5}$$

式中,$v_2$ 为高度 $z_2$ 处的风速(m/s);$v_1$ 为高度 $z_1$ 处的风速(m/s);$z_1$ 为般取 10 m 高度,$\alpha$ 为风切变指数,其值的大小表明了风速垂直切变的强度。

#### 5.1.1.8 湍流强度

湍流强度表示瞬时风速偏离平均风速的程度,是评价气流稳定程度的指标。湍流强度与地理位置、地形、地表粗糙度和天气系统类型等因素有关,其计算公式为:

$$I = \frac{\sigma_v}{v} \tag{5.6}$$

式中,$v$ 为 10 min 平均风速(m/s);$\sigma_v$ 为 10 min 内瞬时风速相对平均风速的标准差。

#### 5.1.1.9 风频曲线及威布尔分布参数

风频曲线拟合采用威布尔分布,其双参数概率密度函数用下式表示:

$$f(x) = \frac{K}{A}\left(\frac{x}{A}\right)^{K-1}\exp\left[-\left(\frac{x}{A}\right)^{K}\right] \tag{5.7}$$

式中，$f(x)$ 为概率密度函数；$A$ 为尺度参数；$K$ 为形状参数。

#### 5.1.1.10 观测年度风速大小年景分析

计算各参证站观测年度年平均风速相对本站近 20 年累年平均风速距平百分率，计算公式为：

$$\eta = \frac{v - \bar{v}}{v} \times 100\% \tag{5.8}$$

式中，$\eta$ 为累年平均风速距平百分率；$v$ 为参证站在现场观测时段的平均风速；$\bar{v}$ 为参证站累年平均风速。

#### 5.1.1.11 长年代风能资源估算

根据风速距平百分率 $\eta$ 和测风塔观测年度的风速值 $v$，得出测风塔长年代风速订正公式：

$$\bar{v} = v \times (1 - \eta) \tag{5.9}$$

长年代风功率密度的计算公式为：

$$\bar{D}_{WP} = D \times (1 - \eta)^3 \tag{5.10}$$

式中，$D$ 为测风塔观测时段的风功率密度。

#### 5.1.1.12 50 年一遇最大风速和极大风速

(1) 采用国家标准的风压表估算

在《(GB 50009—2001)建筑结构载荷规范》中的全国风压分布表，查得风电场测风塔所在地区的 50 年一遇最大风压，这是以气象站的观测高度 10 m 为准的。用风压公式反推，计算得到风电场测风塔地区 10 m 高度 50 年一遇的最大风速。

风压公式为：

$$\omega_0 = v_0^2 / 1600 \tag{5.11}$$

式中，$\omega_0$ 为基本风压；$v_0$ 为 10 m 高度最大风速。

这个计算可作为风电场测风塔 10 m 高度的 50 年一遇的最大风速。再用风电场测风塔各高度与 10 m 高度实测到的风切变系数推算，可得出各高度的 50 年一遇最大风速。

(2) 采用极端风速模型(EWM)推算

根据《(GB/T 18451.1—2012)风力发电机组设计要求》中的相关规定，采用测风年实测最大风速值推算 50 年一遇 10 min 最大风速，计算公式如下：

$$V_1 = 0.8 V_{50} \tag{5.12}$$

式中，$V_1$ 为 1 年一遇 10 min 最大风速，$V_{50}$ 为 50 年一遇 10 min 最大风速。计算时将测风年实测最大风速值视为 1 年一遇极端风速，并利用上式推求得到风电场测风塔各高度 50 年一遇最大风速。

(3) 采用经验公式推算

采用经验公式推算风电场测风塔 50 年一遇最大风速：

$$V_{50\max} = V_{ave} \times c_1 \tag{5.13}$$

式中，$V_{50\max}$ 为风电场测风塔 50 年一遇最大风速；$V_{ave}$ 为风电场测风塔订正后年平均风速；$c_1$ 为经验系数，取值为 5.0。

采用经验公式推算风电场测风塔 50 年一遇极大风速：
$$V_{50e} = V_{50\max} \times c_2 \tag{5.14}$$

式中，$V_{50e}$ 为风电场测风塔 50 年一遇极大风速；$V_{50\max}$ 为风电场测风塔 50 年一遇最大风速；$c_2$ 为经验系数，取值为 1.4。

(4) 采用经验公式推算

① 参证站 50 年一遇最大风速估算

由参证站 1971—2010 年的逐年最大风速，根据《全国风能资源评价技术规定》的极值 I 型概率分布估算方法，估算得出参证站 10 m 高度 50 年一遇的最大风速 $V_{50\max}$。

计算参证站 50 年一遇的最大风速公式如下：

$$\begin{aligned} V_{50\max} &= u - \frac{1}{\alpha} \ln\left[ \ln\left(\frac{50}{50-1}\right) \right] \\ \mu &= \frac{1}{n} \sum_{i=1}^{n} V_i \\ \sigma &= \sqrt{\frac{1}{n} \sum_{i=1}^{n} (V_i - \mu)^2} \\ \alpha &= \frac{c_1}{\sigma} \\ u &= \mu - \frac{c_2}{\alpha} \end{aligned} \tag{5.15}$$

式中，$V_{50\max}$ 为 50 年一遇的最大风速；$\alpha$ 为分布的尺度参数；$u$ 为分布的位置参数，即分布的众数。

② 估算风电场的 50 年一遇的最大风速

统计参证站与测风塔同期观测的逐日最大风速，并建立线性相关方程 $y = ax + b$，式中 $y$ 为风电场测风塔各高度日最大风速，$x$ 为参证站日最大风速。

将之前估算得到的参证站 10 m 高度 50 年一遇的最大风速计算结果代入线性方程，即可估算得到风电场测风塔各高度的 50 年一遇的最大风速。

## 5.1.2 复杂地形参证站选择原则和一致性订正

拟选风场前期测风资料为 1~3 年，多为一年，难以反映真实的长期风能资源状况。参证站的重要作用之一是对拟选风电场进行长年代风资源评估推算，可将验证后的风场测风数据订正为一套反映风场长期平均水平的代表性数据，即风场测风高度上代表年的逐小时风速风向数据。其二，在贵州这样的复杂地形下，野外的测风数据质量很难得到保证，参证站可用于测风塔资料订正，当测风塔所有层测风资料短时间内同时缺测或资料质量较差时，可用参证站数据进行订正。其三，参证站气象资料可用于拟选风电场的基本气候概况描述，可用于 50 年一遇重现期 10 min 最大风速估算，对可能出现的气象风险进行评估。其四，参证站可用于模式风能资源参数模拟结果的检验。参证站的选择要参看台站沿革，剔除经过多次迁站的台站，对于复杂地形下应选择一个以上气象站，进行严谨分析，最后选定一个参证站。

### 5.1.2.1 选择原则及技术要求

根据《(QX/T 74—2007) 风电场气象观测及资料审核、订正技术规范》有关规定，满足以下 4 个条件的邻近气象（台）站可作为风场序列延长的参照（证）站。

(1)具有 20 年以上规范的测风记录;

(2)测风环境基本保持长年不变或具备完整的测风站搬迁对比观测记录;

(3)在有效风速区间内,与风电场相关性较好;

(4)与测风区的气候特性应相似。

#### 5.1.2.2 选取方法

计算测风塔与参证站符合规定条件的风速相关系数,并用 F 函数检验。要求相关系数不小于 0.4,通过显著性水平为 0.01 的 F 检验。

采用 F 检验方法,选取参证站。设参证站和测风塔风速相关系数为 R,样本容量为 n,统计量 F 计算公式为:

$$F = R^2 \sqrt{\frac{1-R^2}{n-2}} \qquad (5.16)$$

取显著性水平 $\alpha=0.01$,查表得到 $F_a$。如果 $F_a < F$,则说明参证站和测风塔风速显著相关。

#### 5.1.2.3 应收集的参证站资料

按照《(GB/T 18710—2002)风电场风能资源评估方法》的有关规定,在收集参证站的测风数据时应对站址现状和过去的变化情况进行考察,包括观测记录数据的测风仪型号、安装高度和周围障碍物情况(如树木和建筑物的高度,与测风杆的距离等),以及建站以来站址、测风仪器及其安装位置、周围环境变动的时间和情况等。同时应收集以下数据:

(1)与风场测风塔同期的逐小时风速、风向、气温、气压数据;

(2)近 30 年的历年年平均风速;

(3)累年月平均风速、年平均气温、年平均气压、年平均雷暴日数、年平均大风日数、年平均雨凇日数、年平均冰雹日数等;

(4)累年极端最高气温、极端最低气温、最多雷暴日数、最多大风日数等;

(5)近 30 年以来记录到的最大风速、极大风速及其发生的时间和风向。

#### 5.1.2.4 一致性订正

参证站一致性订正问题较为专业,主要订正步骤如下:

(1)风速仪高度均一化订正;

(2)不同技术特性仪器的一致性订正;

(3)周边环境变化均一化订正;

(4)长年代风速订正。

### 5.1.3 风能观测数据的质量检验

#### 5.1.3.1 仪器精度控制

观测仪器在进入现场安装之前,应由具备气象仪器计量检定资质的单位进行检定,检定合格后方可安装使用。

#### 5.1.3.2 趋势检验

(1)常规判别标准。根据原始测风数据各测量参数连续变化情况,判断其变化趋势是否合理。根据贵州省山区测风数据的气象特征,结合贵州风电场风能分析工作实践与相关国家标准、行业标准,制定以下数据趋势检验判别标准(表5.1)。

表5.1 风电场测风数据趋势检验判别标准

| 检验项目 | | 判别标准 | 意义 |
|---|---|---|---|
| 风速<br>(m/s) | 10 min | 10 min 数据连续 300 min<0.5 m/s | 如果风速连续 300 min 没有发生变化,则视为不合理 |
| | 时间 | 小时数据连续 6 h 无变化(切入风速为 5 m/s) | 5 m/s 以上的风速中,如果风速连续 6 h 没有发生变化,则视为不合理 |
| 风向(°) | 10 min | 10 min 数据连续 300 min 无变化 | 如果风向连续 300 min 没有发生变化,则视为不合理 |
| | 时间 | 小时数据连续 6 h 无变化(切入风速为 5 m/s) | 5 m/s 以上的风速中,如果风向连续 6 h 没有发生变化,则视为不合理 |
| 气压(kPa) | | 小时平均值变化大于 1 | 若相邻两个小时的平均值差值大于给定数值,则视为不合理。 |
| 气温(℃) | | 小时平均值变化大于 5 | |

以贵州某风力发电有限公司测风塔的测风数据为例说明数据趋势检验判别标准。

从图5.1可以看出该测风塔在 2010 年 2 月 4 日 14:30—21:20 的 10 min 观测数据连续 300 min 以上<0.5 m/s,根据贵州山区风的变化特征,可以判定这个时段的风速测量仪器没有正常工作,造成了长时段测风数据结果不变。该时段数据应视为不合理数据,需将这段时间的数据作为缺测数据处理。

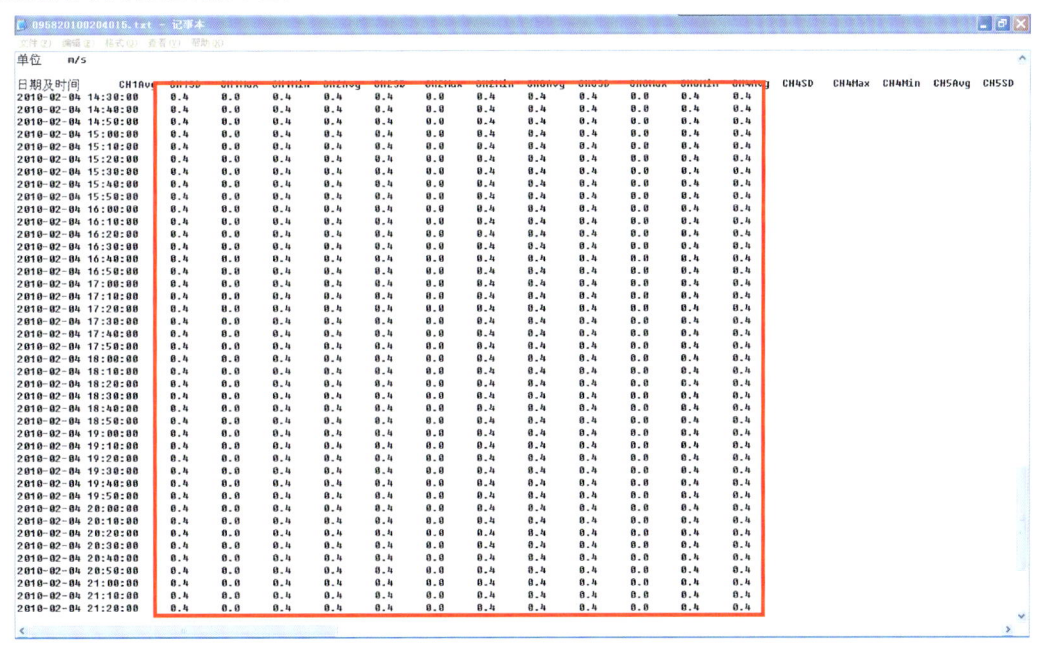

图5.1 贵州某风力发电有限公司测风塔测风数据

从图5.2可以看出该测风塔在 2010 年 12 月 15—17 日、12 月 25—27 日、12 月 30 日—1 月 1 日风速、风向的逐时观测数据连续超过 6 h 没有出现变化。根据贵州山区风的变化特征,可以判定这个时段的风速测量仪器没有正常工作,造成了长时段测风数据结果不变。该时段数据应视为不合理数据,需将这段时间的数据作为无效数据处理。

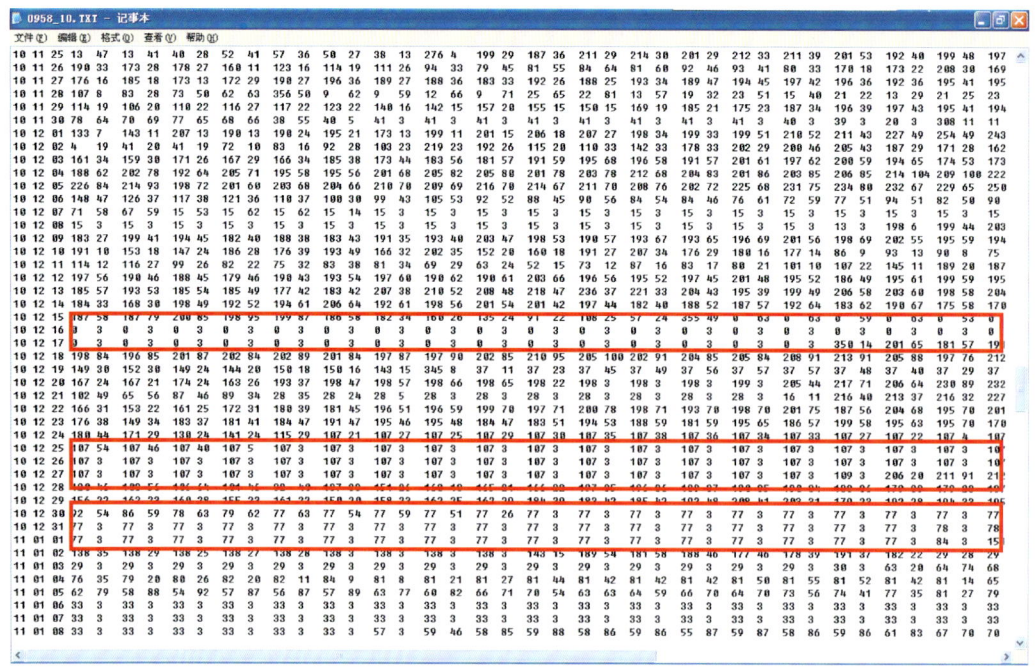

图 5.2 贵州某风力发电有限公司测风塔测风数据

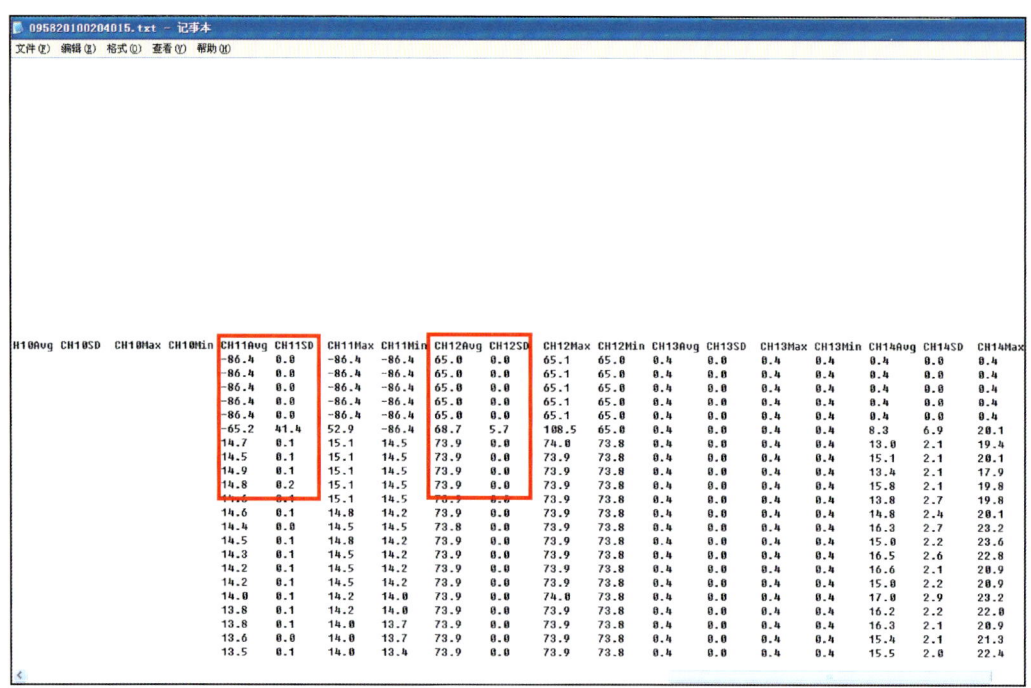

图 5.3 贵州某风力发电有限公司测风塔测风数据

从图 5.3 可以看出该测风塔 2010 年 2 月 4 日 14—15 时气压小时平均值变化大于 1，气温小时平均值变化大于 5。根据贵州气候的变化规律，可以判定这个时段的温度、气压测量仪器没有正常工作，造成了测量数据结果出现错误。该时段数据应视为不合理数据，需将这段时间的数据作为无效数据处理。

(2)凝冻条件下的补充判别标准——"僵值"数据判别标准。凝冻是贵州冬季常见的一种灾害性天气,特别是在一些相对孤立的高山台地尤为严重。由于贵州冬季常出现降水现象,相对湿度也较高,当环境空气温度≤1.0℃,地面温度通常在0℃以下,相对湿度≥80%时极易出现凝冻现象。当凝冻出现时会将测风仪器逐渐冻住,即发生拖曳现象,进而发生数据失真现象,直至测风仪器无法正常观测,风向长时间无变化,风速持续出现零值数据,我们将这段时间观测到的风向风速数据称之为"僵值"测风数据。

过去在处理"僵值"数据时仅将"僵值"数据本身进行无效处理,未考虑"僵值"数据前后的数据也应进行相应分析。由于凝冻过程是一个逐渐加重和逐渐减轻的过程,因此,"僵值"数据不仅仅只是趋势检验中判别出来的"僵值"数据本身。"僵值"数据出现前后的观测数据由于测风仪器受凝冻覆冰的影响,会出现观测数据偏小的情况,此段数据也同样应该作为无效数据进行剔除。

根据贵州冬季凝冻导致众多高山台地风速观测数据长时间出现"僵值"的实况,结合贵州多年风电场风能分析工作实践,总结出来了更为精细的、具有贵州地方特色的风速观测数据质量控制指标和方法:即引入气温、相对湿度、滑动平均风速做为"僵值"数据判别标准。该判别标准在贵州具有重要的应用价值并取得很好的应用效果。"僵值"数据判别标准见表5.2。

表5.2 "僵值"数据判别标准

| 判别依据 | 判别标准 |
| --- | --- |
| 1.气温小时值≤1.0℃<br>2.相对湿度小时值≥80%或出现微量降水<br>3.风速小时数据连续6h无变化或小于1 m/s | 往前滑动24 h,前24 h风速-小时风速≥1 m/s的第一个小时以后 |
| | 往后滑动24 h,后24 h风速-小时风速≥1 m/s的最后一个小时以前 |

下面以贵州某风力发电有限公司测风塔的测风数据为例说明"僵值"数据判别标准的应用情况。

从图5.4可以看出该测风塔在2011年12月22日21时—12月26日21时风速逐时观测数据连续超过6h没有出现变化,此时段经过趋势检验为无效数据。但通过"僵值"数据判别标准检验,该时段及前后部分时段温度观测数据≤1.0℃、相对湿度观测数据≥80%,可判断出风速观测仪器受凝冻覆冰的影响,其观测数据出现偏小的情况,前后观测时段的观测数据也应作为无效数据处理。根据"僵值"数据判别标准对22日21时前24小时数据和26日21时后24小时数据进行判断,可以看出21日09时以后和26日13时之前数据均受凝冻影响,未能正确测量真实风况,因此,该两时段数据应视为不合理数据,需将这两时段的观测数据作为无效数据处理。

#### 5.1.3.3 范围检验

范围检验即判断观测数据取值是否在合理范围之内。风速、风向合理取值范围采用国际标准。范围检验的判别标准见表5.3。

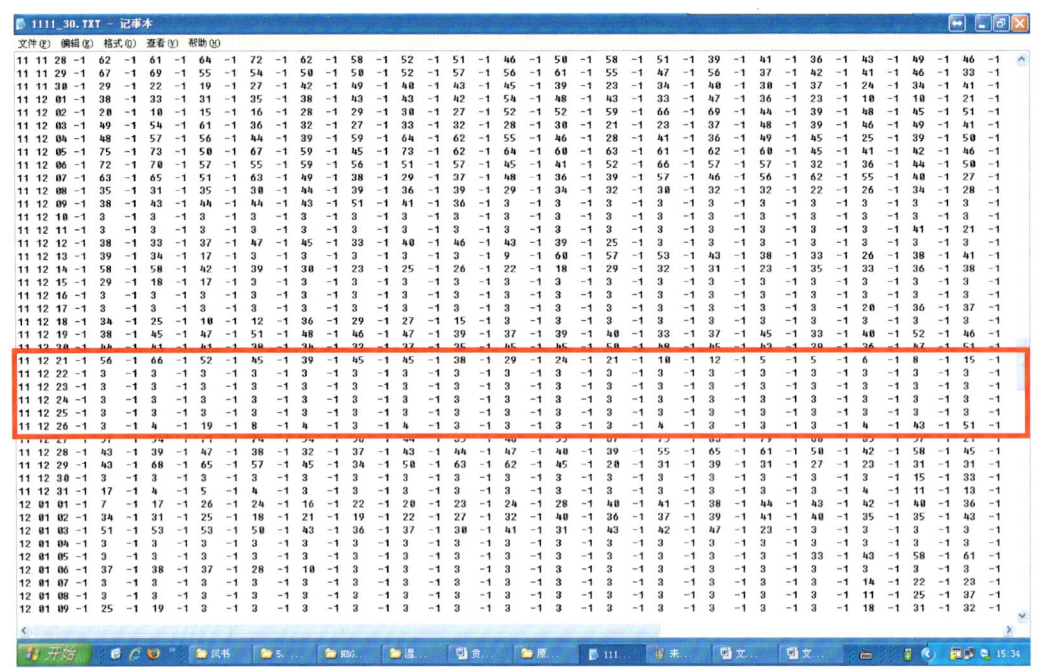

图 5.4　贵州某风力发电有限公司测风塔测风数据

表 5.3　风电场测风数据范围检验判别标准

| 主要参数 | 单位 | 合理取值范围 |
| --- | --- | --- |
| 小时平均风速值 | m/s | 0～40 |
| 风向值 | ° | 0～360 |
| 小时平均气压值 | kPa | 60～100 |
| 气温 | ℃ | −20～40 |

下面以贵州某风力发电有限公司测风塔的测风数据为例说明数据范围检验判别标准的应用情况。

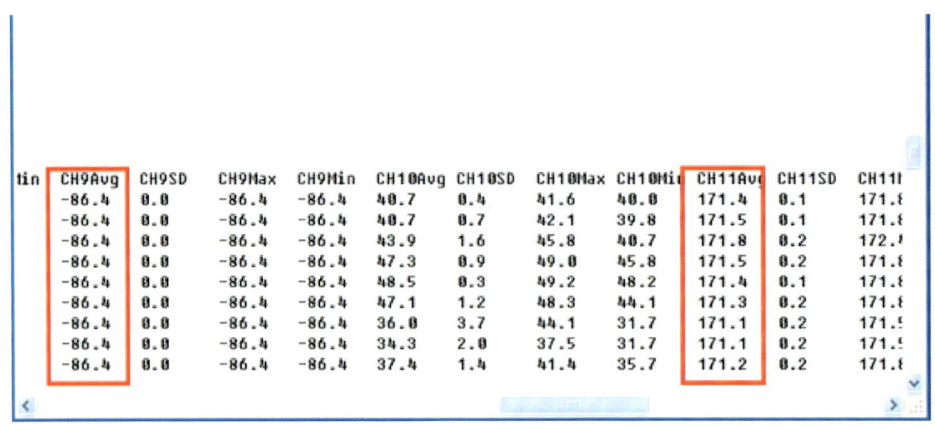

图 5.5　贵州某风力发电有限公司测风塔测风数据

从图 5.5 可以看出该测风塔的气温、气压观测数据超出了正常的温度、气压的观测范围。根据贵州气候的变化规律,可以判定这个时段的温度、气压测量仪器没有正常工作,造成了测量数据结果出现错误。该时段数据应视为不合理数据,需将这段时间的数据作为无效数据处理。

#### 5.1.3.4 关系检验

关系检验是针对不同高度之间风速或风向关系的合理性而设定的。是指检验各高度风速值或风向值的差值是否在给定的合理范围之内。考虑到贵州风电场均为山区风电场,风速风向变化特征明显不同于荒漠、平原、海岸线等平缓地形中的风电场。风速常出现负切变,风向变化跳动特征明显,在国家标准、气象行业标准的基础上,结合山地风速风向特征制定关系检验判别标准。见表 5.4。

表 5.4 风电场测风数据关系检验判别标准

| 判别标准 | 意义 |
| --- | --- |
| 相隔高度大于 20 m 时,小时平均风速差大于 8 m/s | 同一时间下不同高度的平均风速或风向,其高度差在某一范围时,两层数据的差值在指定范围内,则视为不合理(切入风速为 5 m/s) |
| 相隔高度小于 20 m 时,小时平均风速差大于 4 m/s | |
| 任意两个不同高度间,小时平均风向差大于 45°并且小于 315° | |

下面以贵州某风力发电有限公司测风塔的测风数据为例说明数据关系检验判别标准应用情况。

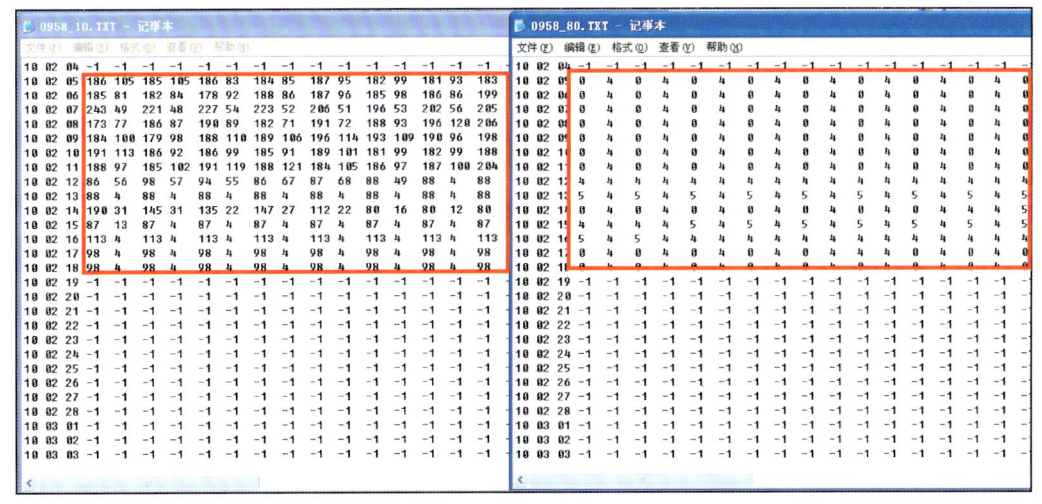

图 5.6 贵州某风力发电有限公司测风塔测风数据

从图 5.6 可以看出该测风塔 2010 年 2 月 5—18 日 10 m 与 80 m 高度间的小时平均风速差大于 8 m/s、小时平均风向差大于 45°,根据贵州山区风的变化特征,以及风速随高度的变化规律,可以判定该测风塔 80 m 高度该时段的风速、风向测量仪器没有正常工作,造成了测量数据结果出现错误。该时段数据应视为不合理数据,需将这段时间的数据作为无效数据处理。

#### 5.1.3.5 相关性检验

对于同一个测风塔,因受同一个天气系统的影响,因此,在不考虑地形的情况下,不同高度实测逐时平均风速值中的有效数据组成的系列,相互之间的相关系数应在0.90以上。

以贵州省某风力发电有限公司测风塔的测风数据为例(表5.5),10 m高度与各层之间测风数据的相关系数均在0.9以下,其余各高度之间测风数据的相关系数均在0.9以上。分析其原因是由于测风塔南面有一座小山峰,对10 m高度的测风数据产生影响,因而造成10 m高度与各层之间测风数据的相关系数相对偏小。

表5.5 贵州省某拟建风电场测风塔各高度逐时平均风速相关系数

|  | 10 m | 30 m | 50 m | 70 m | 80 A m |
|---|---|---|---|---|---|
| 10 m |  |  |  |  |  |
| 30 m | 0.860 |  |  |  |  |
| 50 m | 0.819 | 0.997 |  |  |  |
| 70 m | 0.812 | 0.993 | 0.997 |  |  |
| 80 m | 0.801 | 0.989 | 0.996 | 0.997 |  |

#### 5.1.3.6 无效数据的剔除

经数据合理性检验后,贵州高山台地的测风塔数据还需技术人员(计算分析工程师)依据天气系统变化、测风塔上下层数据关系、测风数据的季节合理性等进行核查,如有必要,可进行无效数据的剔除。贵州山区复杂地形下,该工作尤为重要,难点是要求有足够的专业和数据处理经验。此外,如果在评估后期再进行无效数据的剔除会导致工作前功尽弃,工作量翻倍增加,因此,该项工作应尽量保障质量并在前期数据处理时完成。

#### 5.1.3.7 数据完整性检验

完整性检验包括数量及时间顺序检验,对观测记录进行完整性审查,给出数据的完整性描述,以数据完整率表示:

$$数据完整率 = \frac{应测数据量 - 缺测数据量 - 无效数据量}{应测数据量} \times 100\% \tag{5.17}$$

#### 5.1.3.8 缺测和无效数据的插补订正

根据气象统计学理论,对测风塔缺测和无效数据进行插补订正。一般采用同塔优于异塔,优于参证站的原则进行。即首先选取与插补点处于同一测风塔的其他高度层,其次选取与插补点处于同一拟开发风场的其他测风塔的相同高度层,再选取与插补点处于同一拟开发风场的其他测风塔的相近高度层,再次选取与插补点邻近并且地形特征相似的测风塔,最后选取与插补点邻近并且地形特征相似的参证气象站。在满足统计样本数量的前提下,进行相关计算和检验。

采用检验统计量F来检验相关系数的可靠性:

$$F = R^2 \sqrt{\frac{1-R^2}{n-2}} \tag{5.18}$$

式中,$R$为相关系数;$n$为样本量。检验统计量$F$值应通过0.01的显著性水平。

根据《(QX/T 74—2007)风电场气象观测及资料审核、订正技术规范》推荐的方法,选取同期观测时段内的日平均风速样本,采用比值法计算出订正系数$k$,则可以利用参证塔(或参证站)的完整风速数据推算出缺测和无效数据。

## 5.2 基于风能资源数值模拟技术的评估方法

根据国家能源局下发的《国家能源局关于分散式接入风电开发的通知》、《国家能源局关于印发分散式接入风电项目开发建设指导意见的通知》要求，以及贵州省能源局上报国家能源局的《贵州省分散式接入风电开发方案》要求，贵州省气象部门开展了采用数值模拟技术对分散式风电场项目所在区域的风能资源状况进行评估，以判断风电场是否具有开发价值。

### 5.2.1 模式介绍及计算方程

#### 5.2.1.1 WRF 模式

WRF(Weather Research and Forecasting Model)模式系统是新一代中尺度天气预报模式和同化系统，由美国国家大气研究中心(NCAR)、美国国家海洋大气局(NOAA)共同参与开发。模式采用高度模块化、并行化和分层设计技术，在预报各种天气中具有较好的性能，具有广阔的应用前景，是目前较为成熟的数值预报模式之一。

WRF 模式为完全可压非静力模式，采用 Arakawa-C 网格，垂直方向采用地形伴随 $\sigma$ 坐标系，模式包含了陆面过程、次网格湍流扩散过程、行星边界层物理过程、微物理过程、大气和地球表层辐射以及积云对流等物理过程。

#### 5.2.1.2 Meteodyn WT 模式

Meteodyn WT 软件是由法国 Meteodyn 公司(美迪公司)基于 CFD 技术研究开发的风资源评估软件，该软件可以在任何地形条件下得到更为准确的风资源计算结果。

Meteodyn WT 软件是专门为求解大气边界层问题而开发的 CFD 软件，可以提高复杂地形风能资源评估的准确性。Meteodyn WT 软件可以求解全部的 NS 方程，求得风电场区域三维空间内任一点的风流及风资源情况(平均风速、湍流、能量密度、发电量、入流角、极大风速等)；可以根据地形、粗糙度以及设定的热稳定度自动生成网格与边界条件，在关注区域以及关注点自动进行网格加密，更好地解决复杂地形所带来的非线性问题。

(1)动力方程

Meteodyn WT 软件以质量守恒方程和大气湍流动量守恒方程为基本的动力框架。当流体在定常不可压的情况下，方程变为：

$$\frac{\partial u}{\partial x} + \frac{\partial v}{\partial y} + \frac{\partial w}{\partial z} = 0$$
$$u\frac{\partial u}{\partial x} + v\frac{\partial u}{\partial y} + W\frac{\partial u}{\partial z} = -\frac{1}{\rho}\frac{\partial P}{\partial x} + \frac{\partial \overline{u'^2}}{\partial x} + \frac{\partial \overline{u'v'}}{\partial y} + \frac{\partial \overline{u'w'}}{\partial z}$$
$$u\frac{\partial v}{\partial x} + v\frac{\partial v}{\partial y} + W\frac{\partial v}{\partial z} = -\frac{1}{\rho}\frac{\partial P}{\partial y} + \frac{\partial \overline{u'v'}}{\partial x} + \frac{\partial \overline{v'^2}}{\partial y} + \frac{\partial \overline{v'w'}}{\partial z} \quad (5.19)$$
$$u\frac{\partial w}{\partial x} + v\frac{\partial w}{\partial y} + W\frac{\partial w}{\partial z} = -\frac{1}{\rho}\frac{\partial P}{\partial z} + \frac{\partial \overline{u'w'}}{\partial x} + \frac{\partial \overline{v'w'}}{\partial y} + \frac{\partial \overline{w'^2}}{\partial z}$$

式中，$u$、$v$、$w$ 是笛卡儿坐标系($x,y,z$)中平均风矢量的分量，其中 $x,y$ 为水平坐标，$z$ 为垂直坐标；$P$ 为平均气压值，$\rho$ 为空气密度，$u'$、$v'$、$w'$ 为湍流的扰动分量。

湍流通量 $\overline{u'v'}$, $\overline{u'w'}$, $\overline{v'w'}$, $\overline{u'^2}$, $\overline{v'^2}$, $\overline{w'^2}$ 的参数化是利用单方程 k 截流方案，即

$$-\overline{u'v'} = -v_T\frac{\partial u}{\partial y} \qquad -\overline{u'w'} = -v_T\frac{\partial u}{\partial z} \qquad -\overline{v'w'} = 0$$

并引入
$$u_j\frac{\partial k}{\partial x_j} = P_\lambda - \varepsilon + \frac{\partial}{\partial x_j}\left[\left(\frac{v_T}{\sigma_k}\right)\frac{\partial k}{\partial x_j}\right]$$

其中
$$\begin{cases} \varepsilon = C_\mu \dfrac{v_T}{L_T}k \\ P_\lambda = v_T\left(\dfrac{\partial u_i}{\partial x_j} + \dfrac{\partial u_j}{\partial x_i}\right)\dfrac{\partial u_j}{\partial x_j} \\ v_T = k^{1/2}L_T \end{cases}$$

根据 Arritt 和 Yamada 参数化方法,考虑热力层结中的稳定或不稳定情况下计算湍流尺度:

$$L_T = \sqrt{2}S_m^{\frac{3}{2}}l \begin{cases} \dfrac{1}{l} = \left(\dfrac{1}{l_0} + \dfrac{1}{kz}\right), z = \text{高度} \\ C_\mu = \dfrac{4S_m}{B_1} \\ S_m = \begin{cases} 1.96\dfrac{(0.1912-Ri_f)(0.2341-Ri_f)}{(1-Ri_f)(0.2231-Ri_f)}, Ri_f < 0.16 \\ 0.085, Ri_f \geqslant 0.16 \end{cases} \\ B_1 = 16.6 \\ l_0 = 100 \text{ m} \\ \kappa = 0.41 \end{cases}$$

式中,$L_T$ 为湍流混合长度;$\kappa$ 为卡曼常数;$l_0$ 为临界值,当空间高度很大时,使 $l$ 的值近似为常数;$Ri_f$ 为通量里查森数,依赖于热力层结;$C_\mu$ 为湍流动能方程中湍流动能转化为热内能的部分;$B_1$ 是从风洞试验中得到的经验参数。

为能求解大范围的结果,需将动量方程和连续方程组合成一般形式:

$$A_P\phi_P = \sum A_{nb}\phi_{nb} + b$$

式中,$A$ 为系数;$\phi$ 为变量;$b$ 为项为源,三个量为一组矢量矩阵。假设为一组二维的矢量矩阵,则:

$$\boldsymbol{A}_{nb} = \begin{bmatrix} x_{nb}^u, x_{nb}^v, x_{nb}^p \\ y_{nb}^u, y_{nb}^v, y_{nb}^p \\ c_{nb}^u, c_{nb}^v, c_{nb}^p \end{bmatrix} \qquad \boldsymbol{\phi}_{nb} = \begin{bmatrix} \delta u_{nb} \\ \delta v_{nb} \\ \delta p_{nb} \end{bmatrix} \qquad \boldsymbol{b}_{nb} = \begin{bmatrix} r_{nb}^u \\ r_{nb}^v \\ r_{nb}^p \end{bmatrix}$$

式中,$x,y$ 和 $c$ 分别代表 $x$ 方向上的动量、$y$ 方向上的动量和连续性,下标 $nb$ 表示中心系数。第一行和第二行的系数是直接从线性化的动量方程中获得,最后一行关于气压的系数是通过类似下式的方法从连续方程中获得:

$$\begin{cases} \delta u = d^u\dfrac{\partial}{\partial x}(\delta p) \\ \delta v = d^v\dfrac{\partial}{\partial y}(\delta p) \end{cases}$$

此外,该矩阵的优点是有了 $b$ 这个代表动量和连续方程中残差的值。

里查森数是热力湍能产生率的负值与机械湍能产生率之比。梯度里查森数为:

$$Ri = \frac{g}{\theta_v} \frac{\partial \theta_v / \partial z}{\theta_v [\partial v / \partial z]^2}$$

式中,$\theta_v$ 为虚位温,可以通过不同高度上观测得到的温度和湿度得到。

稳定度也可用奥布霍夫长度 $L$ 表示,在高度 $z$ 上它和里查森数之间的关系可以表示为:

$$z/L = Ri \frac{\phi_M^2}{\phi_H}$$

式中,$\phi_M$ 和 $\phi_H$ 是众所周知的相似理论中莫宁-奥布霍夫长度函数。

由于会受到风加速的影响,在复杂地形(特别是在山上或者山顶)不能考虑由测量值得到的平均风速垂直梯度 $\frac{\partial v}{\partial z}$。山顶风加速的影响可能导致两点间梯度为 0,这决定了稳定度的梯度不能代表一个大范围的梯度,而只能代表局地小范围内的变化。

在 Meteodyn WT 中,所有的计算都要依靠稳定度,所以计算不受其他影响干扰的风梯度是一个迭代过程,如果在第一次迭代中考虑的是中性稳定度,则初始状态下 $z/L$ 的值为无穷大,$Ri=0$。迭代过程分为三步:

第一步是通过 Meteodyn WT 的计算,得到每一个方向高度 $z$ 上观测风速受到地形作用的影响:

$$C_T = \frac{V}{V_{ref}}$$

在平坦地形以及 5 cm 粗糙度条件下,推算出 10 m 高度上的风速:

$$V_{ref} = \frac{V}{C_T}$$

在迭代过程中,地形系数和稳定度级别相对应。而在平坦均匀的地形中,要考虑真正的粗糙度作用,如下式所示:

$$\hat{V}_z = V_{ref} \frac{u_*(z_0)}{u_{*0}} [\ln(z/z_0) - \phi_M(z/L)]$$

粗糙度为 $z_0$ 时的摩擦速度和粗糙度为 5 cm 时的粗糙度速度之间的关系为:

$$k_r = \frac{u_*(z_0)}{u_{*0}} = 0.19 \left[\frac{z_0}{0.05}\right]^{0.07}$$

第二步则是求高度 $z$ 上未受其他影响干扰的风速,在计算时使用相似理论中的对数线性廓线:

$$\frac{\partial \hat{V}_z}{\partial z} \frac{\hat{V}_z}{z} \frac{\phi(z/L)}{zC_T} = \frac{Vk_r\phi(z/L)}{zC_T}$$

第三步即更新里查森数和奥布霍夫长度 $L$,并回到第一步,直到 $\Delta Ri < 0.01$。

通过上述步骤得到最终的里查森数和奥布霍夫长度 $L$,并根据 Meteodyn WT 的分类进行稳定度的判定。

(2)边界条件

1)入口条件

模式入口由地表层对数律和埃克曼函数求得区域平均风速的垂直廓线。湍流动能入口处在整个地表层,为一个常数,并随高度递减至上边界条件。

2)地面条件

Meteodyn WT 中的地面边界条件会在低层环流单体中形成一个动量汇,如果采用莫宁-奥布霍夫理论,作为平均风速函数的对数律可以在环流初始时计算这种情况。在地面粗糙度的选取方面,借助 google earth 并按照经验确定计算范围内的地面粗糙度值,表 5.6 给出不同下垫面对应的粗糙度值作为参考。

计算混合长：

$$\frac{1}{l}\begin{cases}\frac{1}{l_0}+\frac{1}{k\cdot z},若 z>d \\ \frac{1}{l_0}+\frac{1}{k\cdot z},若 z<d\end{cases} \quad d \text{ 是树冠高度} \tag{5.20}$$

最后,湍流动能耗散项可表示为：

$$\varepsilon = \max(\varepsilon_\alpha,\varepsilon_{fd}),\begin{cases}\varepsilon_\alpha = C_\mu \dfrac{V_T}{L_T^2}k \\ \varepsilon_{fd} = C_d\mid U\mid k\end{cases} \tag{5.21}$$

表 5.6 地表粗糙度参数值

| $z_0$(m) | 测点上风向数千米内地形特征 | | |
|---|---|---|---|
| 1.1~3.0 | 有高建筑的市中心 | | 连绵山丘、山区 |
| 0.65~1.1 | 城市或大市镇市中心 | | 森林 |
| 0.50~0.65 | 小市镇中心 | | |
| 0.30~0.50 | 市镇外围郊区 | | 多树平坦郊野 |
| 0.15~0.30 | 多树、树篱、稀少建筑 | | |
| 0.08~0.10 | 多树篱 | | |
| 0.05~0.06 | 夏季少树区 | 农野 | 长草地(≈60cm)庄稼 |
| 0.02~0.03 | 未割草地及孤散树林区 | | 机场(跑道区) |
| 0.01~0.02 | 冬季少树区 | 相当平坦草原 | |
| 0.07~0.008 | 短草(≈3 cm) | | |
| 0.002~0.07 | 农野自然雪面 | | |
| 0.001~0.009 | 向岸风下的海滩 | 大水体 | 平坦沙漠 |
| 0.0001~0.00012 | 平静海面 | | |
| 0.0000015 | 冰面、平坦泥面 | | 平坦或起伏的雪被 |

3)上边界、侧边界及出口边界条件

计算区域的侧边界采用对称条件,上边界和出口条件都是采用均压条件。而在 Meteodyn WT 中一般认为湍流密度是湍流动能的平方根和当地风速的比值。

(3)模式初始条件

在 Meteodyn WT 模式中,进入模式的风场条件与模式的计算没有关系。因为关于计算流体力学的模拟,当雷诺数达到一定程度后,流体行为是独立于雷诺数也即风速的变化的。如下面推导所示,可以看到我们所求解的方程是一个一维非稳态的方程：

$$U\frac{\mathrm{d}u}{\mathrm{d}x}=K\frac{\mathrm{d}^2U}{\mathrm{d}x^2}-\frac{\mathrm{d}P}{\mathrm{d}x}$$

其中
$$K = \sqrt{k} \times L_T$$
$$k = l_T \times U^2$$

因此
$$U \frac{du}{dx} = U \sqrt{l_T} \times L_T \times \frac{d^2 U}{dx^2} - \frac{dP}{dx}$$

由于压强与速度的平方成正比
$$P = CU^2$$

假定 $U$ 为 $U = aU_0$, $U_0$ 是任意风速,则
$$a \frac{da}{dx} = \sqrt{l_T} \times L_T \times a \frac{d^2 a}{dx^2} - C \frac{da^2}{dx} \tag{5.22}$$

变为一个无量纲方程,其中未知量为 $a$。从而将针对 $U$ 的研究转换为对 $a$ 的研究(如果把看作是模式计算的初始风场,$a$ 可被认为是 Meteodyn WT 中的风速的影响因子,即风加速因子)。由此可以看出,$a$ 并不依赖于风速,因为和 $C$ 都是与风速无关的值。

对于这个无量纲方程,初始场中应用到,即 $a$(风廓线分布形状与初始风速无关)。

边界条件并不能将风速 $U$ 引入到以 $a$ 为未知量的无量纲方程中。因此,初始场中的风速不影响 Meteodyn WT 的计算。但它和模式初始场的粗糙度条件有关,当采用 Meteodyn WT 模式计算风流时,初始条件场中平均风速和湍流动能的廓线取决于计算区域中风场进入模式边界处的粗糙度。在非均匀地形情况下,考虑地转风 $G$,但在低层(比如 200 m 以下),风速就和进入模式边界处的粗糙度有关。图 5.7 为不同粗糙度下得到的风廓线。

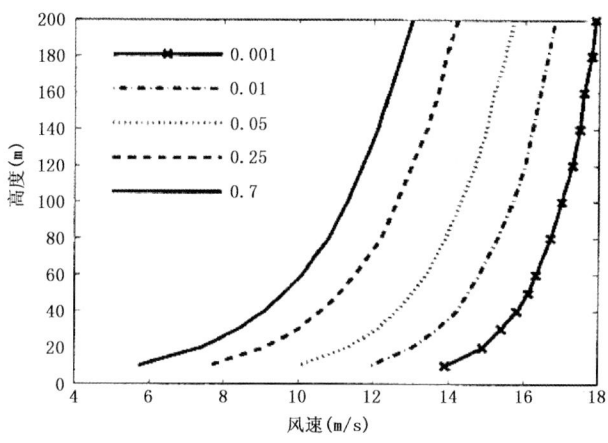

图 5.7 不同粗糙度下的廓线图

由于所采用的初始场粗糙度为 0.05,因此,进入模式的初始风速在 10 m 高度上为 10 m/s。

(4)网格生成

Meteodyn WT 采用分块结构对整个空间进行网格化。它在网格点处进行笛卡尔网格加密,网格的扩展以及长宽比受到控制,以避免收敛的不稳定性。在加密过程中,网格不会自动根据地形来选择加密或者稀疏,它有一个水平扩展系数,就是水平方向上的网格会从模拟点处

的最小水平分辨率,即设定的最小网格间距,到计算区域的边界以该系数对网格进行几何增长式扩展。对于需要得到模拟结果的点,把它们定义为模拟点,网格则会在这些模拟点处加密。如设定的最小网格间距为 100 m,水平扩展系数为 1.1,则模拟点上网格距为 100 m,之后一直到计算区域的边界,后一个网格距是前一个网格距的 1.1 倍,以此类推。这样的网格分布方式将显著地降低计算规模,图 5.8 图显示了 Meteodyn WT 模式对定义的模拟点的网格加密情况。

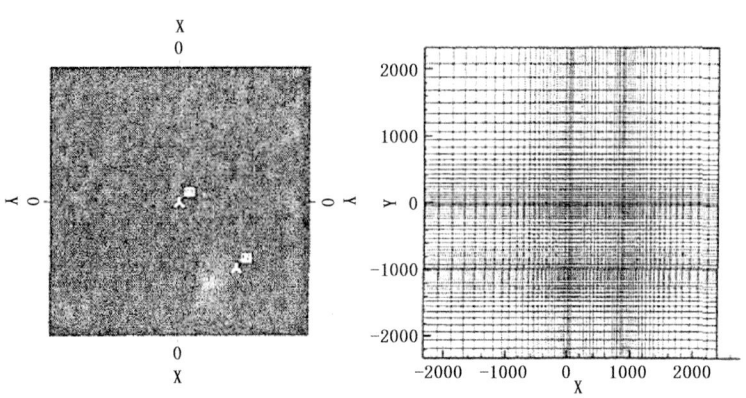

图 5.8 计算区域内的网格加密分布

(左图中白色符号表示定义的模拟点,右图为在模拟点加密以后的计算区域网格分布)

若在一些地形复杂的地区提高计算的准确度,则可以设置一块计算区域,在这个计算区域内,所有的网格点都按照最小网格分辨率进行加密,如图 5.9 图所示。

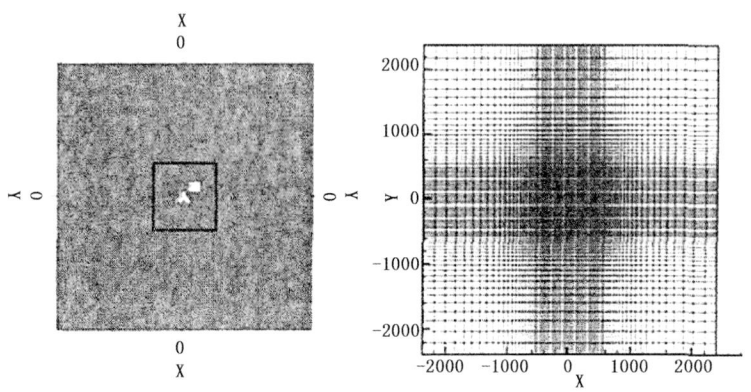

图 5.9 计算区域内的网格加密分布

(左图中白色符号表示模拟点,黑色框为设置的计算区域,右图为在模拟点加密以后的计算区域网格分布)

模式网格生成以后,采用目前 CFD 软件常用的算法。按照 16 个等分的风向角,根据风速廓线分别进行定向,由此得到标准初始风场、不同风向条件下的风场分布,即定向计算结果。这时如果有测风塔观测资料的话,将根据测风塔观测结果与计算区域内相同位置定向计算结果之间的统计关系,推算所关心的模拟点处的风速值和风能参数。

Meteodyn WT 模式可以允许同时输入多个测风塔的观测资料,模拟出整个区域的风能资源分布。在网格点的垂直变化上,Meteodyn WT 模式有一个垂直参数,它的值在 0 和 1 之间,"1"表示垂直网格线是完全垂直于地平面(在地形复杂的条件下容易导致计算结果发散),"0"表示垂直网格线是完全垂直于实际地表(这时会进行最大程度的网格形状自动修正,但会增加网格生成时间)。图 5.10 为垂直网格线的分布。

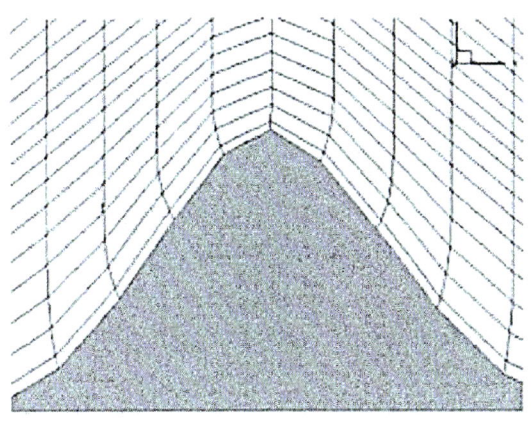

图 5.10　垂直网格线的分布图

(5)Migal 求解器及方法

Meteodyn WT 模式求解采用的是对每一个控制体积内风速和气压同时进行计算的 Migal 方法。该方法每一次计算都将连续方程完全离散化,之后计算得到动量和连续性之间的系数。Migal 方法能求解所有方程组成的线性系统,计算流程如图 5.11 所示。

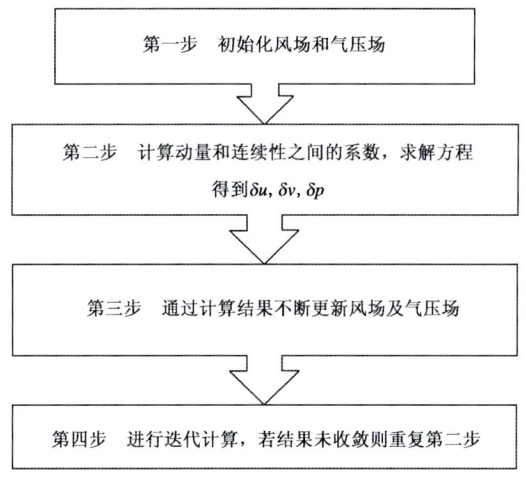

图 5.11　Migal 求解法计算流程图

模式中所用的 Migal 求解器是由 Mfrdc 开发并经过多年使用,得到过充分验证。

### 5.2.2 数值模拟案例分析

通过采用中尺度模式 WRF 和法国 CFD 模式 Meteodyn WT 相结合的方法对贵州省山地风电场场区资源进行数值模拟,即将 WRF 模拟出的各层逐小时的风场资料输入 Meteodyn WT 模式中进行计算,对定向计算结果进行统计分析后,则可得到水平分辨率 25 m×25 m 的平均风速和风功率密度分布。

选取贵州省山区的两个风电场场区进行模拟对比分析,分别以 1 号风电场及 2 号风电场命名。1 号风电场模拟时段为 2012 年 11 月—2013 年 10 月,2 号风电场模拟时段为 2012 年 9 月—2013 年 8 月。其平均风速和风功率密度分布如图 5.12—图 5.19 所示,其中,1 号风电场给出了 50 m 及 80 m 高度的风速及风功率密度分布,2 号风电场则给出 70 m 及 50 m 高度的风场分布情况。图中黑色实线框中为风电场场区位置,十字星标注处为测风塔所处位置。

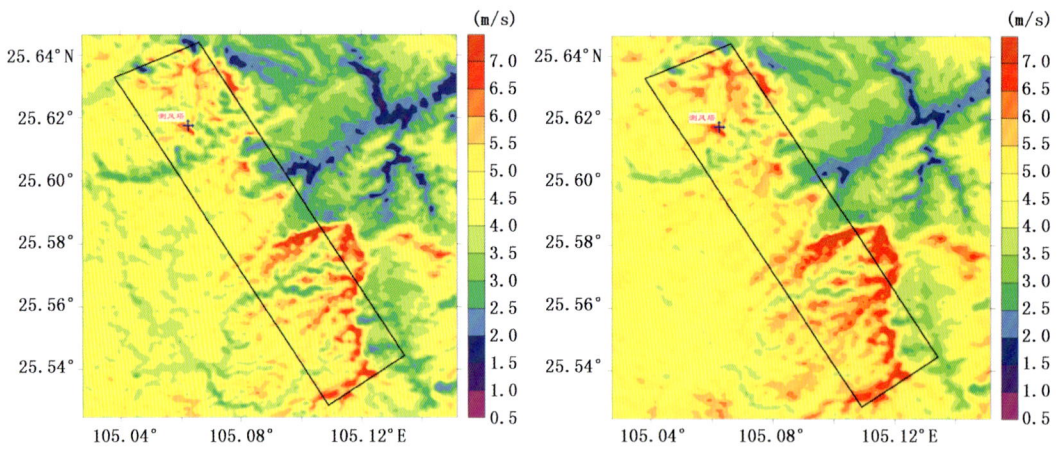

图 5.12 1 号风电场 50 m 高度风速分布　　图 5.13 1 号风电场 80 m 高度风速分布

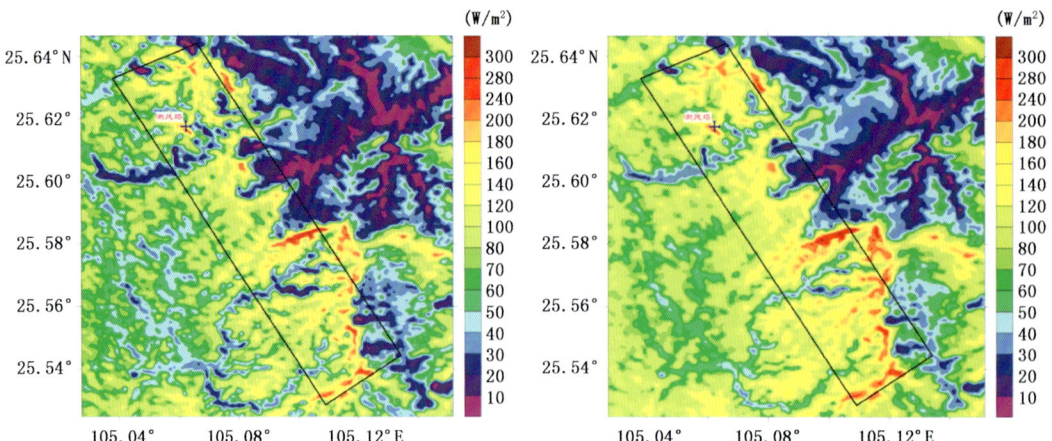

图 5.14 1 号风电场 50 m 高度风功率密度分布　　图 5.15 1 号风电场 80 m 高度风功率密度分布

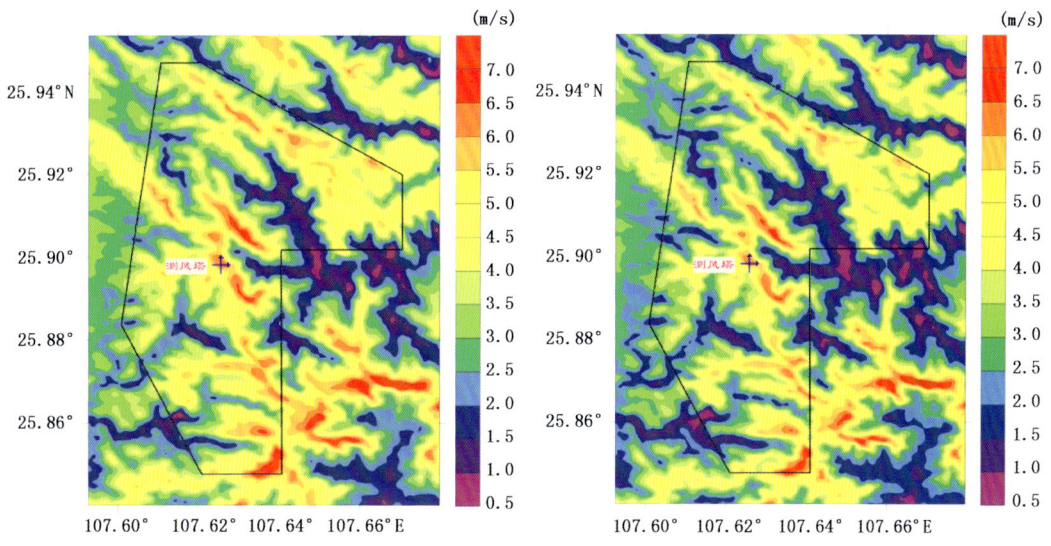

图 5.16　2 号风电场 70 m 高度风速分布　　图 5.17　2 号风电场 50 m 高度风速分布

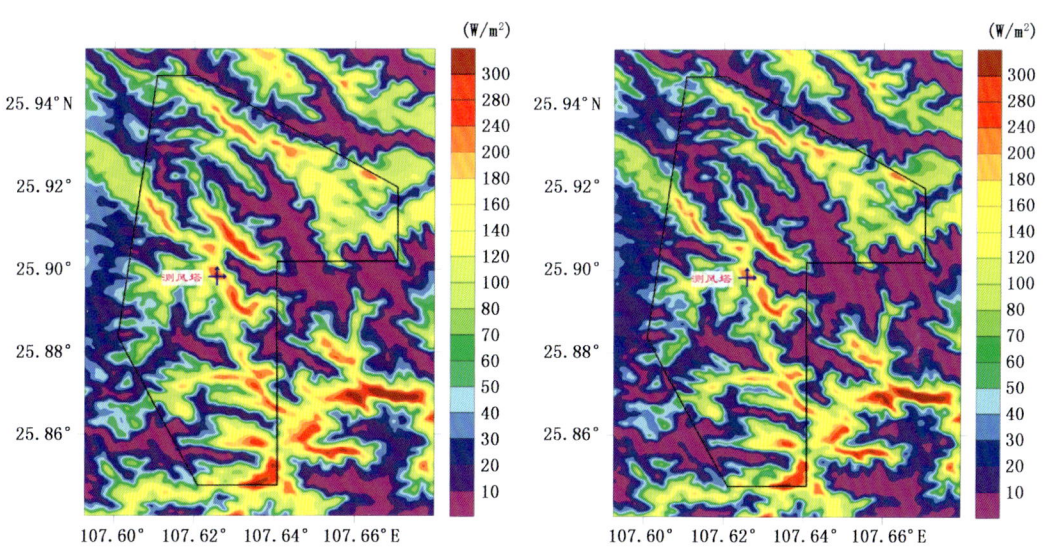

图 5.18　2 号风电场 70 m 高度风功率密度分布　　图 5.19　2 号风电场 50 m 高度风功率密度分布

表 5.7 和表 5.8 是模拟的风速与测风塔实际观测数据对比结果。

表 5.7　1 号风电场测风塔观测结果与 Meteodyn WT 数值模拟结果对比

| 高度 | 1 号风电场测风塔观测结果 | | Meteodyn WT 数值模拟结果 | |
| --- | --- | --- | --- | --- |
| | 风速（m/s） | 风功率密度（W/m²） | 风速（m/s） | 风功率密度（W/m²） |
| 80 m | 6.3 | 206.8 | 6.3 | 182 |
| 70 m | 6.1 | 187.0 | 6.2 | 177 |
| 50 m | 5.8 | 157.6 | 6.0 | 164 |
| 30 m | 5.6 | 135.1 | 5.8 | 148 |
| 10 m | 5.1 | 103.7 | 5.4 | 119 |

表5.8  2号风电场测风塔观测结果与 Meteodyn WT 数值模拟结果对比

| 高度 | 2号风电场测风塔观测结果 | | Meteodyn WT 数值模拟结果 | |
|---|---|---|---|---|
| | 风速（m/s） | 风功率密度（W/m²） | 风速（m/s） | 风功率密度（W/m²） |
| 70 m | 6.6 | 215.2 | 6.5 | 255 |
| 60 m | 6.4 | 190.5 | 6.4 | 251 |
| 50 m | 6.4 | 198.3 | 6.4 | 248 |
| 30 m | 6.1 | 178.0 | 6.3 | 242 |
| 10 m | 5.9 | 159.8 | 6.0 | 206 |

根据模拟结果,1号风电场测风塔位置处80 m高度平均风速模拟值为6.3 m/s,平均风功率密度模拟值为182 W/m²;50 m高度平均风速模拟值为6.0 m/s,平均风功率密度模拟值为164 W/m²;1号风电场的风能资源整个场区风速基本集中在5.0 m/s以上,风功率密度集中在140 W/m²以上。与场区测风塔实际观测结果对比来看,风速模拟结果与实测风速基本一致,相对误差较小,最大误差不超过6%,且随高度升高而减小;风功率密度误差相对较大,正负误差范围在-12%~14.8%。

2号风电场测风塔位置处70 m高度平均风速模拟值为6.5 m/s,平均风功率密度模拟值为255 W/m²;50 m高度平均风速模拟值为6.4 m/s,平均风功率密度模拟值为248 W/m²;2号风电场的风能资源随地势起伏变化较大,场区中部及东北部风能资源相对丰富,风速在4.5~7.0 m/s,风功率密度在140~300 W/m²。与实测风速计风功率密度对比可见,风速模拟效果良好,与实测风速基本一致,相对误差不超过3.5%;然而风功率密度的模拟相对误差大于1号风电场,模拟值整体高于实测值,相对误差范围在18.5%~36%。

通过对比模拟分析可见,WRF/Meteodyn WT模式能较好的模拟贵州省山地风电场的风资源状况,尤其是对风速的模拟效果较好,在分散式风电场风能资源评估中能起到较好的作用。

下面是运用以上数值模拟方法对贵州省某分散式风电场项目进行分析的应用案例。此分散式风电场范围内有2座数据较为完整的测风塔,对比分析实测风速与模拟结果之间的误差,可对数值模拟计算结果进行对比验证。将这两座测风塔分别计为1号测风塔和2号测风塔。

为了便于准确对比模拟的精度,剔除冬季凝冻时段的月份,只比对数据完整的观测月份,缺测数据不做插补订正。

由表5.9可知,1号塔有10个月的观测资料,2—4月的模拟精度最高,误差低于2.0%,9月误差为4.1%,5月误差为8.2%,6月、7月、8月、10月和11月的误差高于10.0%。其中11月份的误差来源可能是测风塔部分测风时段受轻微的凝冻影响,导致观测风速变小。总体来说,春季模拟结果较好,夏季模拟结果较差。2—11月的观测平均风速为5.3 m/s,模拟平均风速为5.6 m/s,误差为5.7%。

2号塔有9个月的观测资料,3月、4月、9月、10月的模拟精度最高,误差低于3.0%,5月误差为9.4%,6—8月和11月的误差高于10.0%。其中11月份的误差来源可能是出现部分轻微的凝冻时段,导致观测风速变小。同1号塔一样,春季模拟结果较好,夏季的模拟结果较差。3—11月的观测平均风速为5.7 m/s,模拟平均风速为5.9 m/s,误差为3.5%。

表 5.9　模拟结果与测风塔实测结果 50 m 风速对比表

|  |  | 1月 | 2月 | 3月 | 4月 | 5月 | 6月 | 7月 | 8月 | 9月 | 10月 | 11月 | 12月 |
|---|---|---|---|---|---|---|---|---|---|---|---|---|---|
| 1号测风塔 | 观测(m/s) | / | 5.1 | 6.1 | 5.5 | 4.9 | 5.4 | 6.8 | 5.8 | 4.9 | 4.0 | 4.6 | / |
|  | 模拟(m/s) | 5.1 | 5.2 | 6.2 | 5.4 | 4.5 | 4.7 | 7.9 | 7.1 | 5.1 | 4.8 | 5.1 | 5.2 |
|  | 模拟误差 |  | 2.0 | 1.6 | 1.8 | 8.2 | 13.0 | 16.2 | 22.4 | 4.1 | 20.0 | 10.9 |  |
| 2号测风塔 | 观测(m/s) | / | / | 6.3 | 5.7 | 5.3 | 5.8 | 6.7 | 6.4 | 5.4 | 4.6 | 4.7 | / |
|  | 模拟(m/s) | 5.1 | 5.4 | 6.4 | 5.7 | 4.8 | 5.0 | 8.3 | 7.5 | 5.3 | 4.7 | 5.2 | 5.2 |
|  | 模拟误差 |  |  | 1.6 | 0.0 | 9.4 | 13.8 | 23.9 | 17.2 | 1.9 | 2.2 | 10.6 |  |

贵州省大部分地区冬季凝冻比较严重,12 月、1 月、2 月可用观测数据较少,在此未做对比分析。由于模拟技术中采用的 Calmet 和 Meteodyn WT 软件都是采用大气动力学方程,忽略大气热力学方程进行模拟的方法,因此,在热力学条件复杂的夏季(6—8 月),模拟精度较差,在热力学条件稳定的其他月份,模拟精度普遍较高,在凝冻缺测的冬季,模拟精度和其他热力学条件稳定的月份相似,因此,完整年的年平均风速的误差和实有月份的累积平均风速误差接近。综上所述,数值模拟结果在完整年的年平均风速的模拟上,具有较高的精确度,可作为该分散式风电场的资源评估依据。应用 Meteodyn WT 和 WRF 中尺度数值模拟数据对该分散式风电场的风能资源分布进行模拟分析,表明该分散式风电场场区内的风能资源随地势起伏变化较大,场区西部、南部及其余地区局部风能资源相对丰富,风速在 4.5~7.5 m/s,风功率密度在 180~450 W/m²。风电场 50 m、70 m 和 80 m 高度风速、风功率密度、湍流强度、风切变指数、$A$ 参数和 $K$ 参数分布情况见图 5.20—图 5.37。某分散式风电场场区各高度不同等级风功率密度面积及百分比见表 5.10。

表 5.10　某分散式风电场场区各高度不同等级风功率密度面积及百分比

| 风功率密度<br>(W/m²) | 50 m 高度 | | 70 m 高度 | | 80 m 高度 | |
|---|---|---|---|---|---|---|
|  | 面积<br>(km²) | 占场区面积百分率<br>(%) | 面积<br>(km²) | 占场区面积百分率<br>(%) | 面积<br>(km²) | 占场区面积百分率<br>(%) |
| 0~200 | 320.63 | 71.81 | 251.73 | 56.38 | 207.34 | 46.44 |
| 200~300 | 81.61 | 18.28 | 101.31 | 22.69 | 103.88 | 23.27 |
| 300~400 | 30.21 | 6.77 | 59.29 | 13.28 | 72.87 | 16.32 |
| 400~500 | 9.63 | 2.16 | 22.26 | 4.98 | 39.00 | 8.74 |
| >500 | 4.41 | 0.99 | 11.91 | 2.67 | 23.39 | 5.24 |

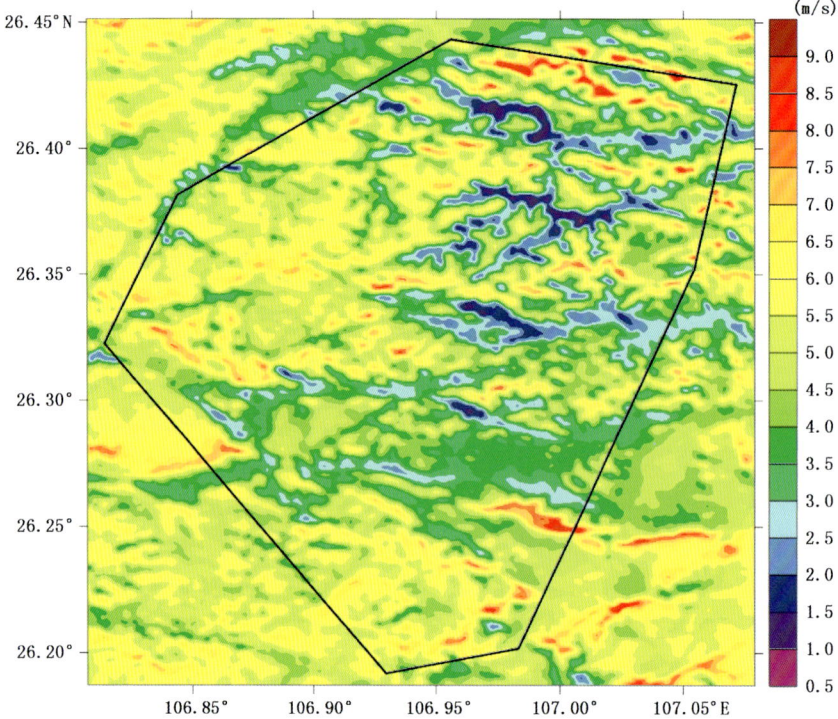

图 5.20 贵州省某分散式风电场 50 m 高度风速分布图

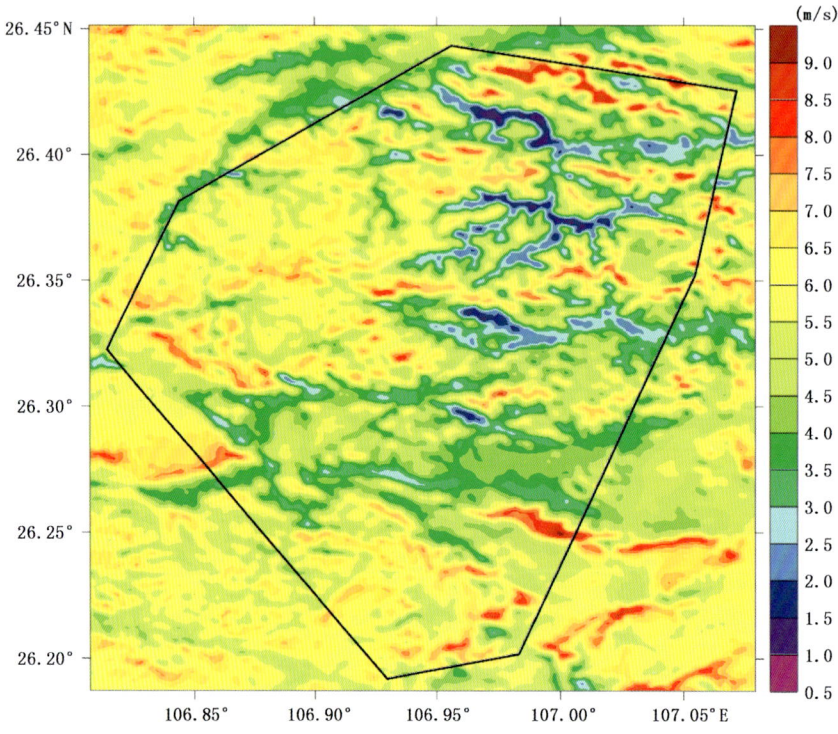

图 5.21 贵州省某分散式风电场 70 m 高度风速分布图

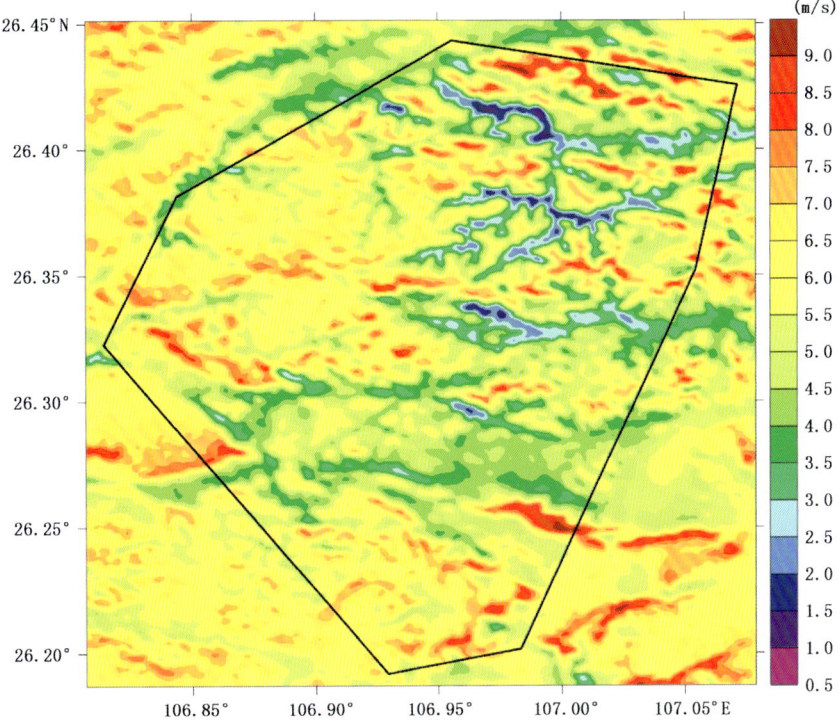

图 5.22　贵州省某分散式风电场 80 m 高度风速分布图

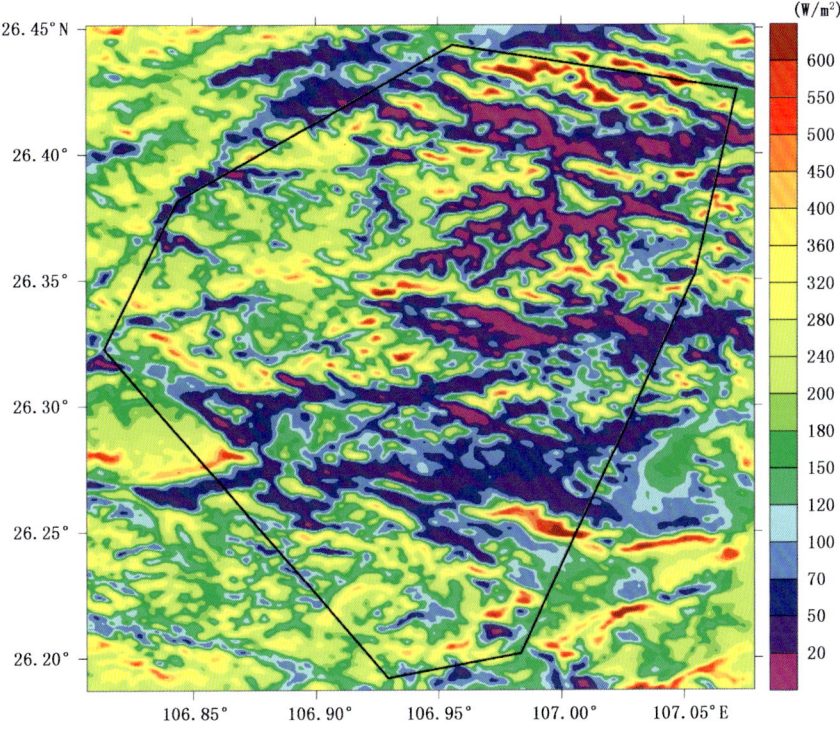

图 5.23　贵州省某分散式风电场 50 m 高度风功率密度分布图

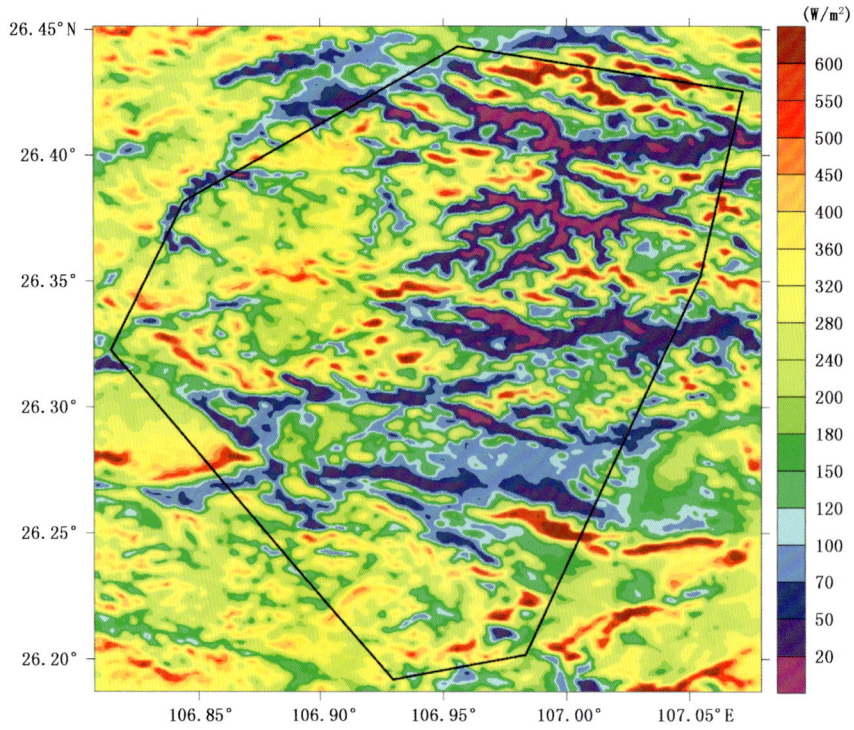

图 5.24 贵州省某分散式风电场 70 m 高度风功率密度分布国图

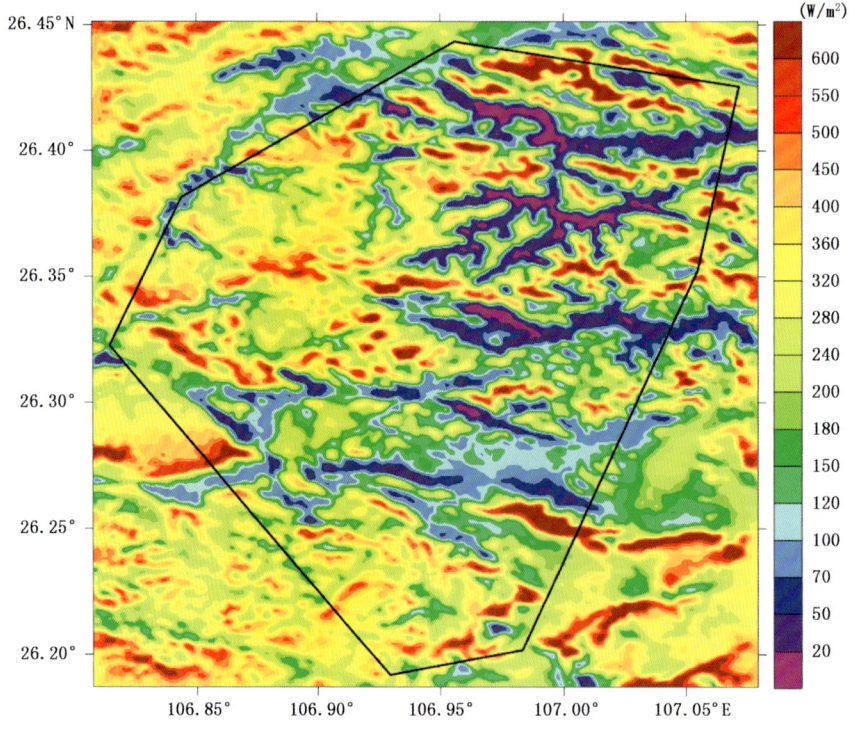

图 5.25 贵州省某分散式风电场 80 m 高度风功率密度分布图

第 5 章 贵州风电场风资源评估方法

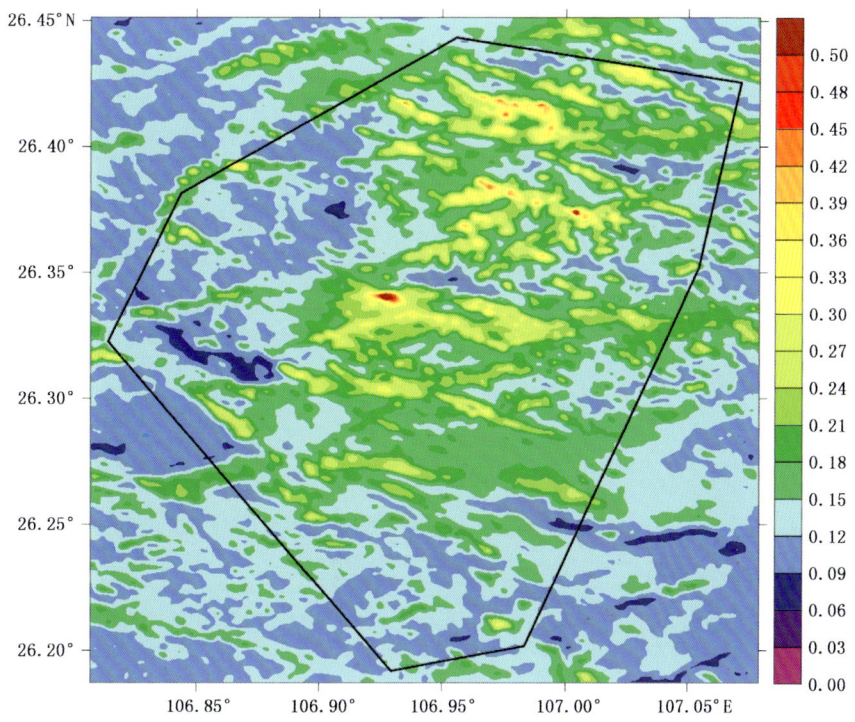

图 5.26 贵州省某分散式风电场 50 m 高度湍流强度分布图

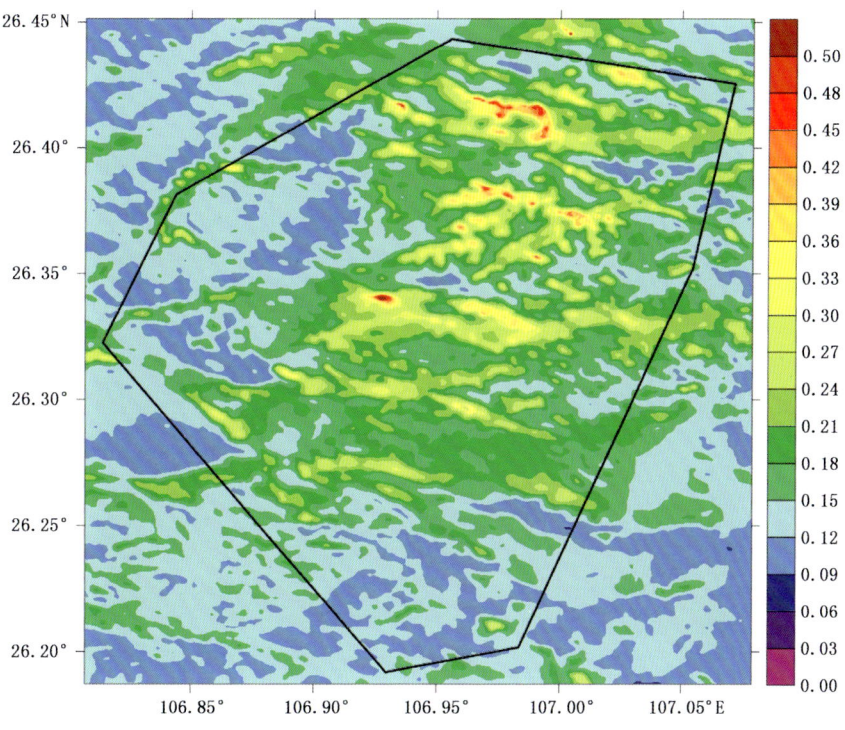

图 5.27 贵州省某分散式风电场 70 m 高度湍流强度分布图

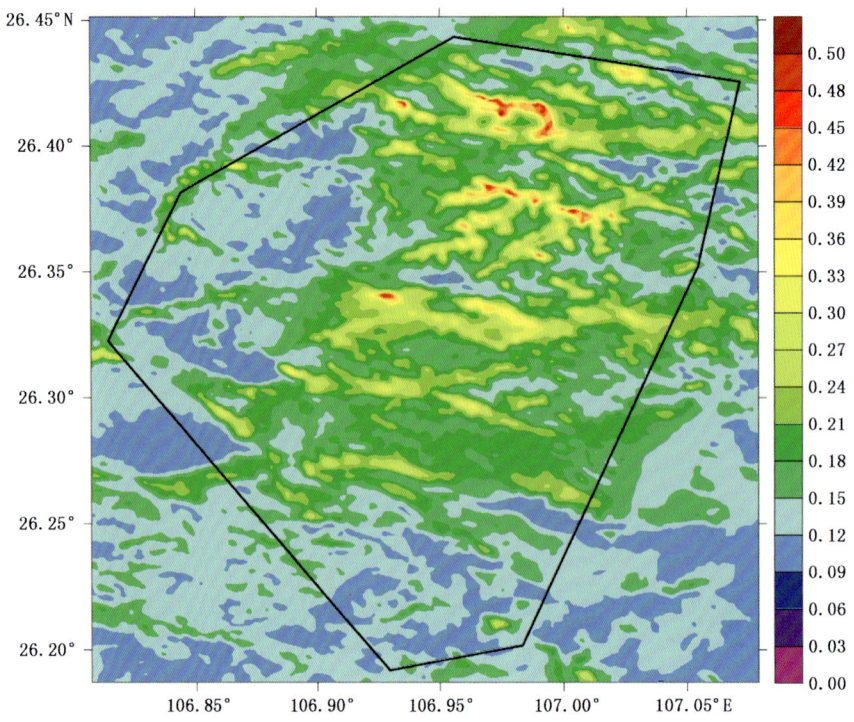

图 5.28 贵州省某分散式风电场 80 m 高度湍流强度分布图

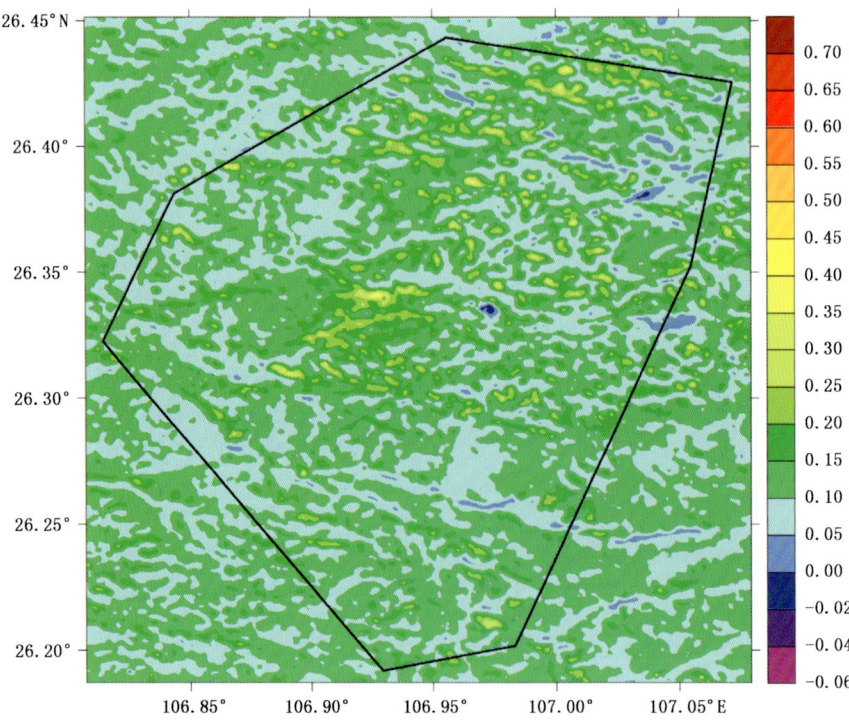

图 5.29 贵州省某分散式风电场 50 m 高度风切变指数分布图

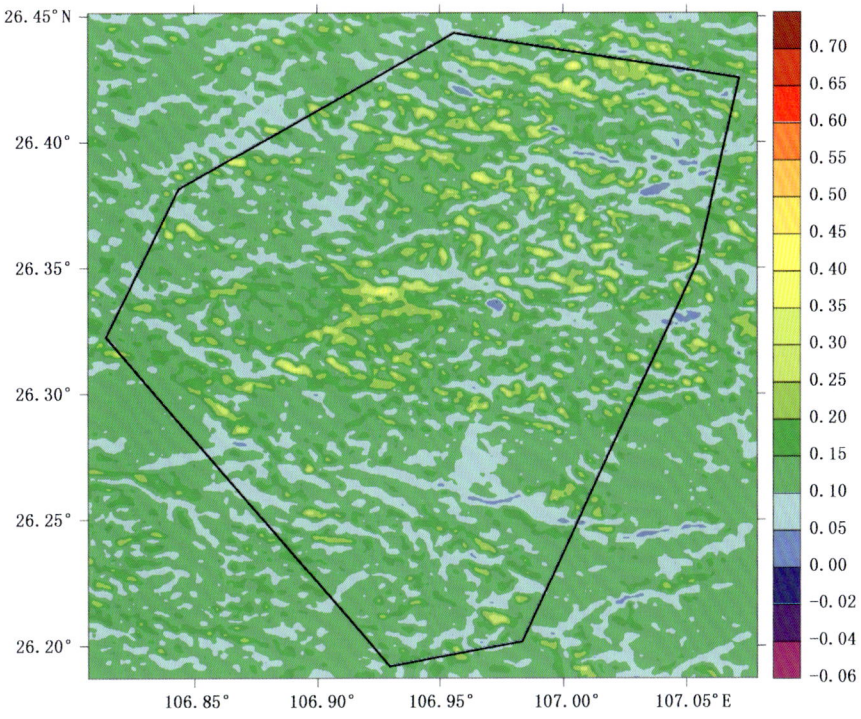

图 5.30 贵州省某分散式风电场 70 m 高度风切变指数分布图

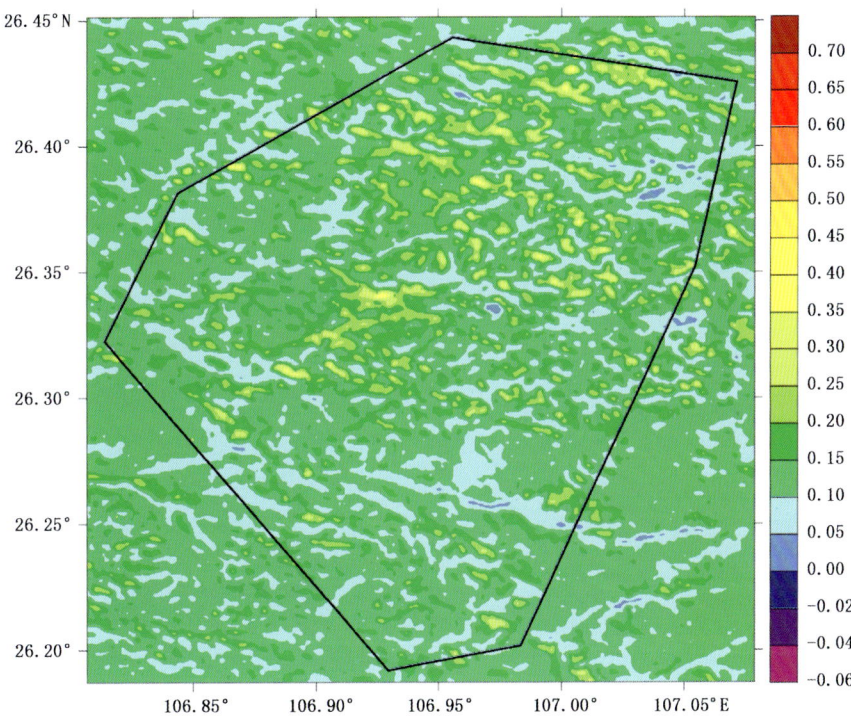

图 5.31 贵州省某分散式风电场 80 m 高度风切变指数分布图

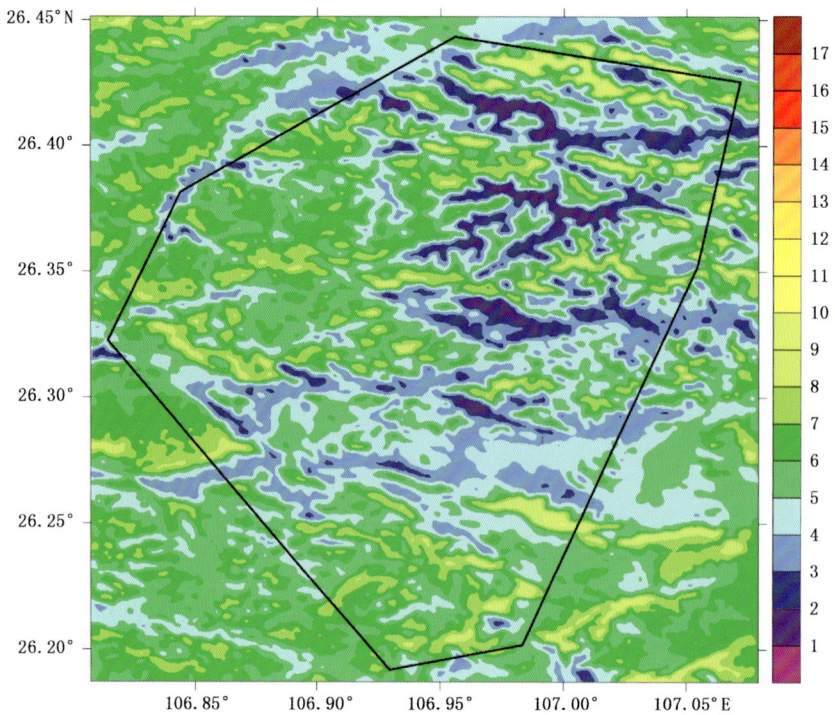

图 5.32　贵州省某分散式风电场 50 m 高度 A 参数分布图

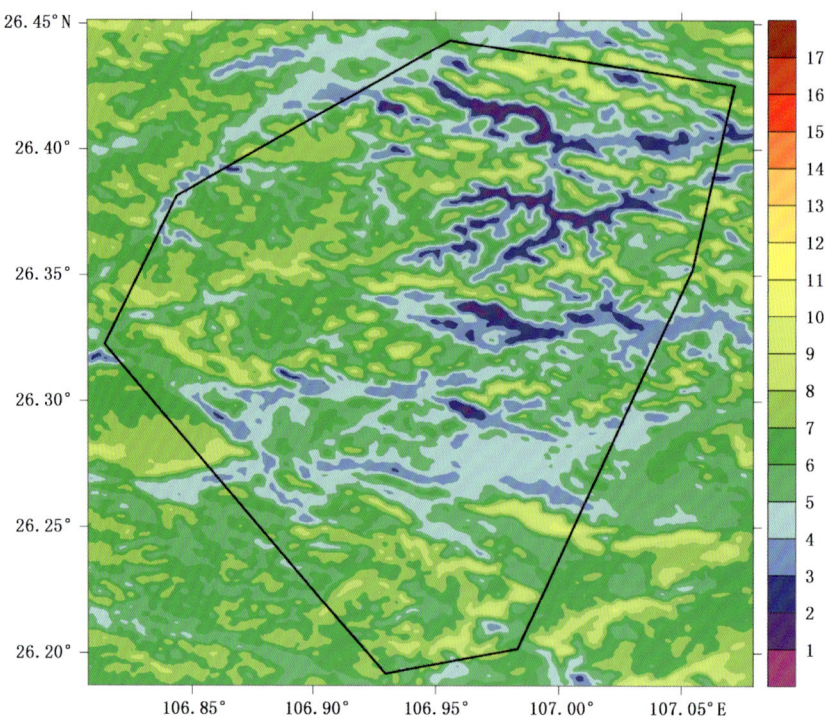

图 5.33　贵州省某分散式风电场 70 m 高度 A 参数分布图

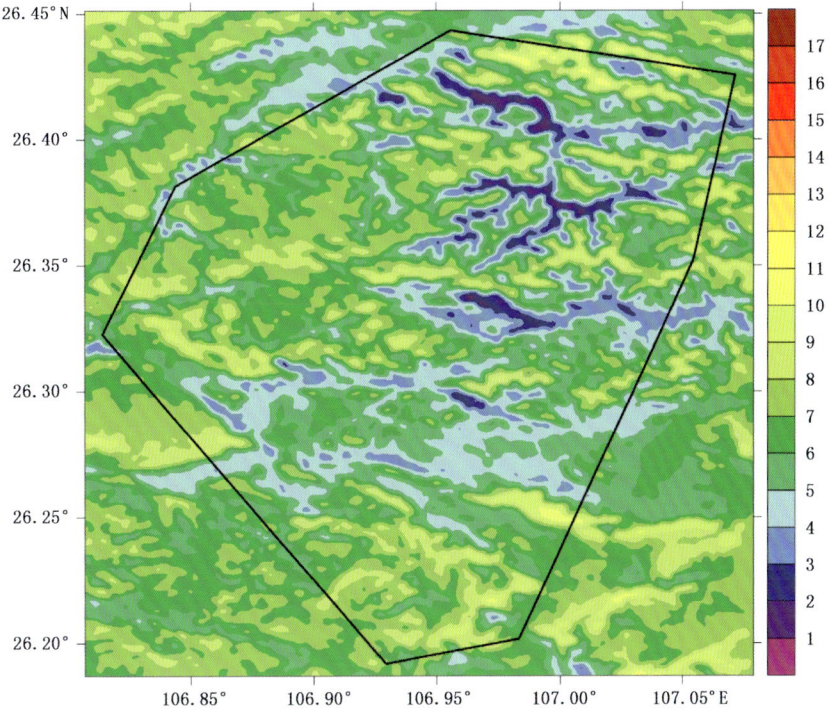

图 5.34　贵州省某分散式风电场 80 m 高度 $A$ 参数分布图

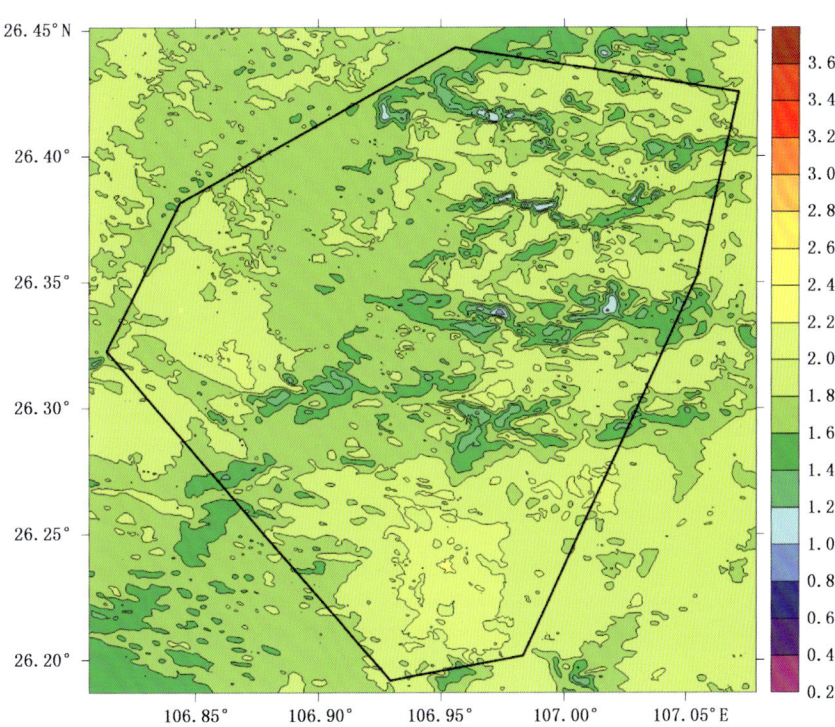

图 5.35　贵州省某分散式风电场 50 m 高度 $K$ 参数分布图

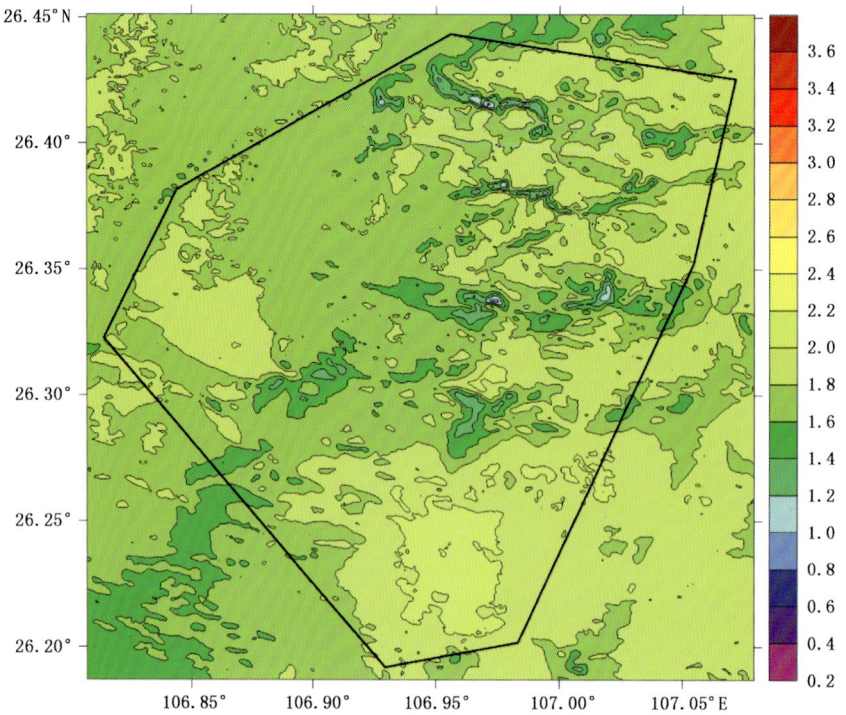

图 5.36 贵州省某分散式风电场 70 m 高度 $K$ 参数分布图

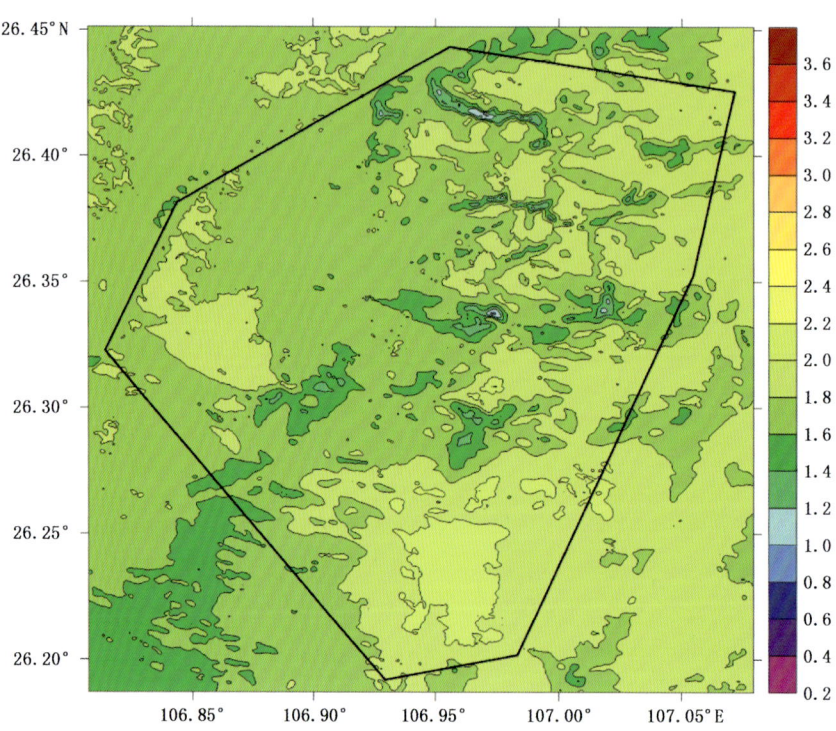

图 5.37 贵州省某分散式风电场 80 m 高度 $K$ 参数分布图

# 第6章 贵州风电场气象灾害风险评估

贵州省主要的气象灾害有干旱、暴雨、凝冻、冰雹、雷电、倒春寒、霜冻等,其中能对风电场运营构成较大危害的是凝冻和雷电。贵州凝冻天气每年冬季均会出现,且持续时间较长、覆冰较厚;雷电天气也是一年四季均会出现,属多雷区,并且由于大部分风电场所在区域地势相对凸出、开阔、属高土壤电阻率地区,雷击灾害风险相对较大。开发企业有必要向风电机组生产企业提出"抗冰冻、防雷电"的要求,以便使用对凝冻和雷电灾害有相应适应能力的产品。在风电场选址上也必须考虑气象灾害的影响,并在建设前期开展风电场气象风险评估工作。

## 6.1 凝冻

凝冻,也称冰冻,是贵州冬季出现的气温低于0℃、有过冷却降水或固体降水时发生结冰现象的一种灾害性天气现象,包括雨凇、雾凇及结冰等天气现象,同时也是贵州省冬季常见的灾害性天气。它的发生与贵州地处特定的地理位置(纬度相对偏低的山区)、特定的地形地貌(海拔高度在100~3000 m,地形地貌错综复杂)和特定的气候条件(多阴雨天气,冷空气影响时气温在冻结温度附近)等密切有关。相关研究表明:我国出现凝冻最多的地区是贵州,其次是湖南、湖北、河南、江西等省,相对较多的地区在山东、河北、辽东半岛、陕西和甘肃,华东沿海、华南沿海及四川、云南、宁夏、山西等地区很少出现。凝冻天气是冬半年降水形态中的一种特殊情况。严重的凝冻天气对国民经济建设危害很大。

贵州省各地1月平均气温约为5~7℃,冬季各月平均雨日18~20 d,极端气温低于0℃的日数大部分地区为5~7 d。冬季,在北方冷空气的不断入侵之下,常形成阴雨连绵的低温天气而使贵州凝冻灾害频繁发生。它不仅危害越冬作物、森林树木、冻死家畜,而且给交通运输、有线通信、输电线路等造成重大危害。研究表明,20世纪50年代中期至80年代末期,重级凝冻发生频率高,大约2~4年就会出现一次较重的冰害。例如,1969年1月底—2月初的一次凝冻天气过程使近半个中国范围通信停顿和黄河以南的铁路交通中断,造成很大损失。2008年初中国大部尤其是南方地区连续四次出现低温雨雪凝冻天气过程,降温幅度大,持续时间长,影响范围涉及全国近2/3省(自治区、直辖市),全国除华南南部、东北及云南中南部等地以外的大部分地区均出现凝冻天气,给交通运输、电力传输、通信设施、农业及人民群众生活造成严重影响和损失。此次灾害共造成农作物受灾面积1100多万公顷,受灾人口达1亿多人,直接经济损失超过1500亿元,接近2008年气象灾害总损失的50%,此外灾害对电力运行造成灾难性影响。

从贵州省近年来风电场实际建设过程中的情况来看,凝冻灾害会冻结风速传感器,使风机叶片覆冰,严重的可能导致倒塔,对风电场并网发电后的安全运行威胁很大。

### 6.1.1 凝冻分布特征

#### 6.1.1.1 空间分布

根据贵州省1971—2008年各气象站气象资料,对贵州年凝冻灾害进行分析。从全省84个测站38年平均凝冻日数分布(图6.1)可以看出,贵州凝冻的地区分布特点是西部多、东部少,中部多、南北少。年平均凝冻日数在10 d以上的均出现在25.5°～27.5°N,海拔高度1000 m以上或相对高度较高的地区,并有四个多凝冻中心(年平均凝冻日数均在30 d以上),基本上沿27°N,呈东西带状分布,分别位于威宁、大方、开阳和万山等地,以威宁的60.3 d为最多。但在北部的赤水河谷,南部边缘地区的册亨、望谟、罗甸和荔波等地,38年来无凝冻出现。

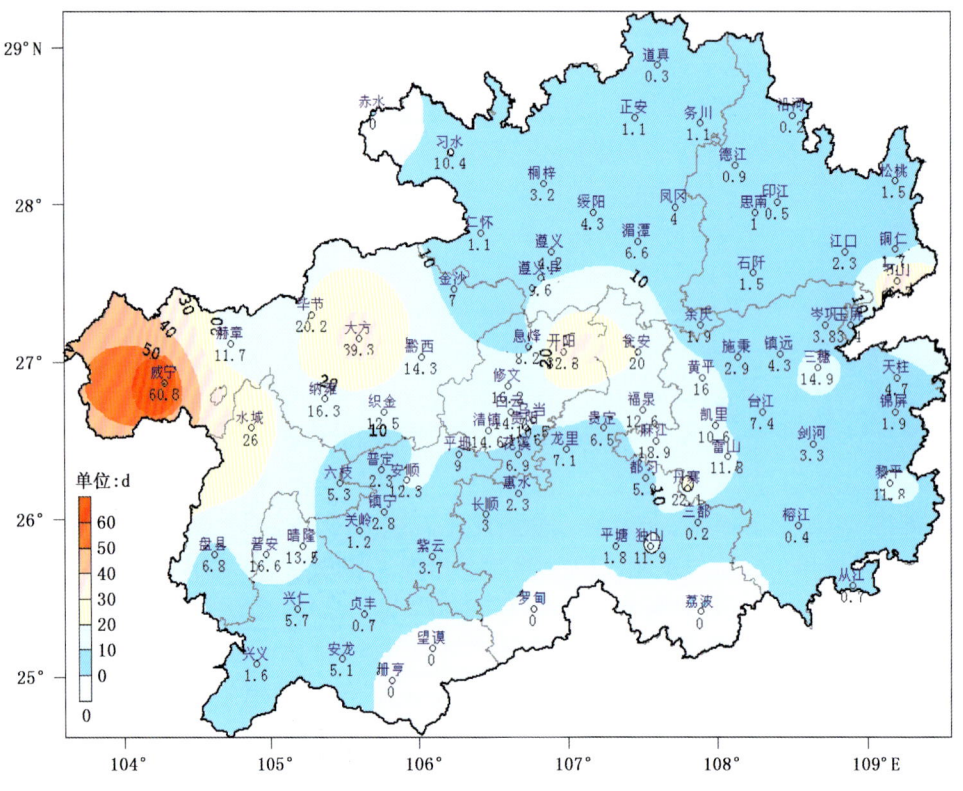

图 6.1 1971—2008年凝冻年平均日数分布图

#### 6.1.1.2 时间分布

从统计1971—2008年贵州省气象观测站逐月凝冻站数情况来看,5—9月没有出现过凝冻,而10月、4月的概率均非常小;图6.2是近38年气象观测站凝冻站数月平均分布图,可见冬季的1月平均凝冻站数最多,平均每年有334站次,占全年的46.9%,其次是2月为223站次,占全年31.3%,再次是12月份为113站次,占全年15.9%,春秋季的3月及11月平均每年不足50站次。由此可见,贵州的凝冻主要出现在冬季,占全年总站次的94.1%。

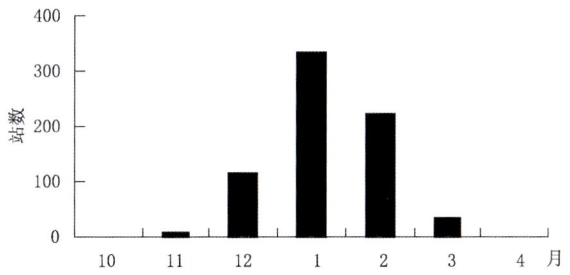

图 6.2　1971—2008 年气象观测站凝冻站数月平均分布图

#### 6.1.1.3　凝冻的最长持续日数

根据 1971—2008 年气象观测站各站逐日的气象资料,统计逐年全省所有 84 站凝冻持续日数,并制作近 38 年全省持续最长凝冻日数分布(图 6.3),由图可见,与全年凝冻日数分布很相似,凝冻持续最长日数表现为西部长、东部短,中部长、南北短。持续日数在 20 d 以上的均出现在 25.5°~27.5°N,海拔高度 1000 m 以上或相对高度较高的地区,并有三个中心(最长持续凝冻日数在 30 d 以上),基本上沿 27°N 呈东西带状分布,分别在大方、纳雍、水城一带,贵阳、开阳一带及万山等地,以大方、开阳的 34 d 为最长。对各地持续最长凝冻日数出现的年份进行分析,发现大部分站(62 站)均出现在 2008 年初(即 2007 年冬季),可见 2008 年初出现的凝冻灾害是近 38 年以来最重的年份,其余站大多分别出现在 1983 年、1976 年和 1980 年冬季。

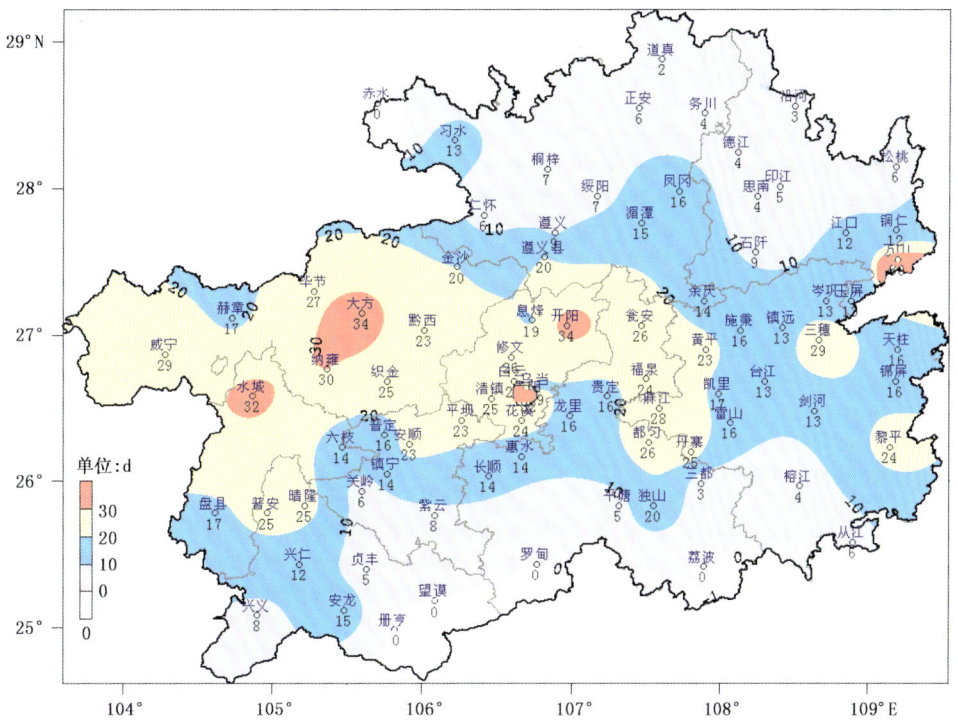

图 6.3　1971—2008 年持续最长凝冻日数分布图

#### 6.1.1.4 凝冻初日和终日

利用1971—2008年全省84个气象站逐日凝冻日数资料,统计逐年各站的凝冻初日和终日,查找各站最早的凝冻初日和最晚的终日出现时间。

如图6.4所示,贵州省凝冻初日的特点基本上是西部、中部早,东北部、南部迟,由西向东、由中部向南北推迟。全省最早的是西部威宁1981年10月23日,万山11月上旬次之,东北部及南部局地在12月下旬之后,以南部的三都1984年1月19日为最晚,东北部的沿河1月上旬次之,早晚前后相隔80多天。中部一线及安顺、镇宁及独山等地11月中旬开始,其余大部分地区在11下旬到12月中旬开始。

贵州冬季凝冻的终日特点基本上是东北部、南部早,西部、中部晚,由东向西、有南北向中推迟。最早的终日是沿河1977年1月29日,最晚的终日是威宁1976年3月31日,前后相隔达60多天。铜仁市中北部、遵义市东北部、黔西南自治州东南部及黔南、黔东南两自治州南部和锦屏在2月份,其余地区均在3月份才结束。

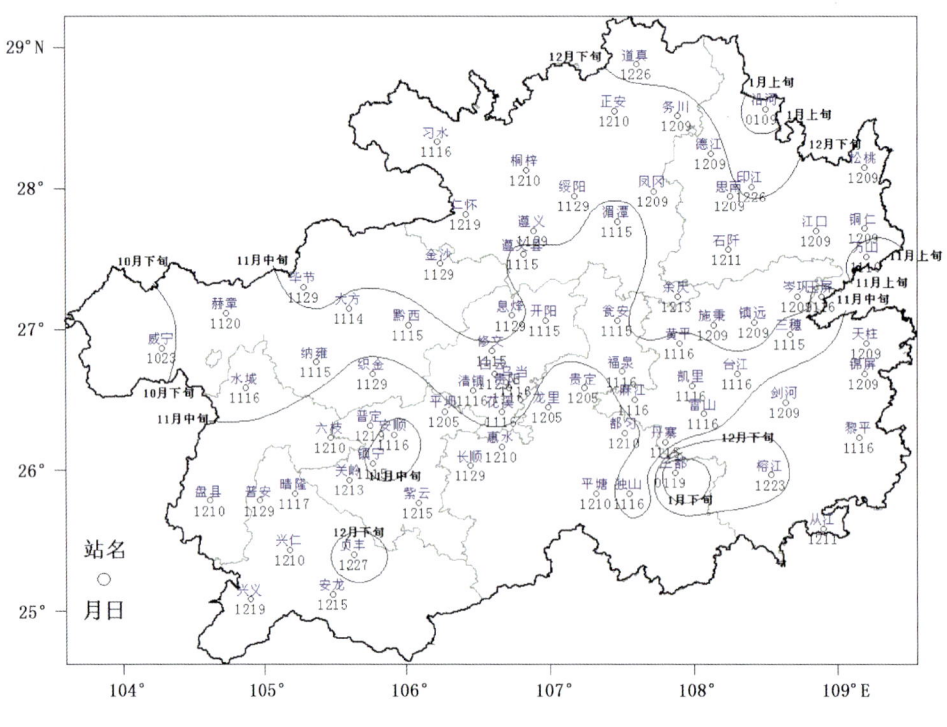

图6.4　1971—2008年凝冻初日图

贵州省冬季凝冻具有以下4个分布特征:①凝冻主要集中在西北部以及海拔相对较高的地区;有四个凝冻中心:威宁、大方、开阳和万山;②凝冻主要出现在冬季,表现在1月出现概率最大、范围最广,其次是2月;③贵州凝冻日数存在明显的周期变化,主要周期为年际变化(2～4年)和年代际变化(8～10年);④凝冻的主要影响因素有海拔高度、相对高度、迎风坡和背风坡、静止锋区等。

### 6.1.2　不同重现期连续最大凝冻日数

根据"贵州冬季冰冻研究及冰区划分"项目研究成果表明,贵州区域15年一遇、30年一遇、50年一遇和100年一遇的凝冻日数极值分布(图6.5),较好地表征了贵州省各气象站不同强度凝冻日数空间分布特征,同时还表明凝冻分布的另一个特征,即一般在相对海拔较高的区域凝冻较重,包括山形突兀的区域凝冻日数长,如北部的大娄山、铜仁市的梵净山和黔东南州的雷山等。推算结果不仅一定程度上克服了之前仅用站点资料代替区域分布的不足,而且有助于其他行业如风电场建设在今后充分考虑贵州冬季凝冻分布特征及强度,合理地进行科学、客观的规划,具有参考意义。

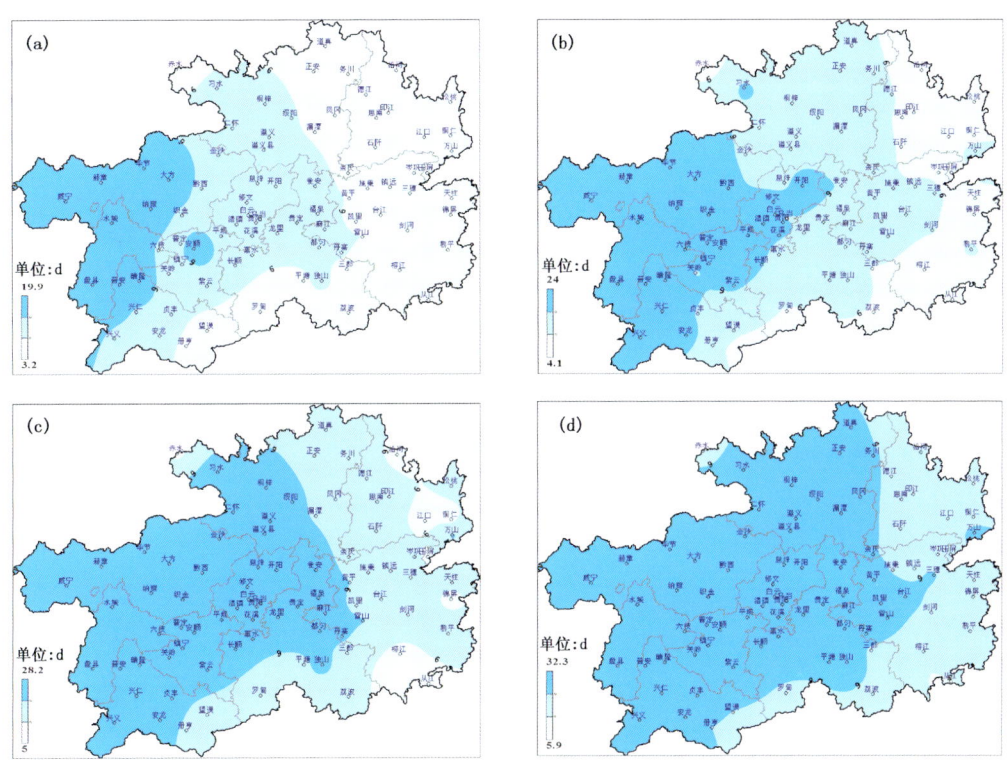

图6.5 贵州省不同重现期连续最大凝冻日数的空间分布图
(a)15年一遇;(b)30年一遇;(c)50年一遇;(d)100年一遇

## 6.2 雷暴

雷暴是由强大的积雨云所引起的伴有闪电、雷鸣和强阵雨的局地风暴。没有降水的闪电、雷鸣现象,称为干雷暴。雷暴过境时,气象要素和天气现象会发生剧烈变化,如气压猛升,风向急转,风速大增,气温突降,随后倾盆大雨。强烈的雷暴甚至带来冰雹、龙卷风等严重灾害。

通常只把伴有阵雨的雷暴称为一般雷暴,把伴有暴雨、闪电、大风、冰雹、龙卷风等严重灾害性天气之一的称为强雷暴,两者都是由强烈的积雨云形成的,这类积雨云称为强雷暴云。雷暴活动具有一定的地区性和季节性,一般是低纬度多于中纬度,中纬度多于高纬度。低纬度地区常年高温多雨,空气处于暖湿不稳定状态,容易形成雷暴;中纬度地区,下半年近地层大气增温、增湿,大气层结不稳定增大,同时天气系统活动频繁,雷暴次数也较多;高纬度地区气温低,很难形成雷暴所需的大量能量,因而雷暴甚少。同纬度而言,雷暴出现次数一般是山地多于平原,内陆多于沿海。低纬度地区常年有雷暴出现,中纬度地区夏季雷暴最多,其次为春秋季,冬季极少出现。

闪电是积雨云中异性电荷被击穿,产生了强大的电流,大量的电荷击穿云底与大气间的空气绝缘,电荷泻放入地的现象。雷击时,被击物体因热效应和机械效应而受到严重的破坏。输电、通信线路及终端设备、高耸的建筑物等易遭到雷击。同时雷击也会伤人。海南岛年雷电日在 120 d 左右,为全国之首;贵州高原山地次之,我国西北地区最少。

## 6.2.1 雷暴日数分布特征

### 6.2.1.1 雷暴日数区域分布特征

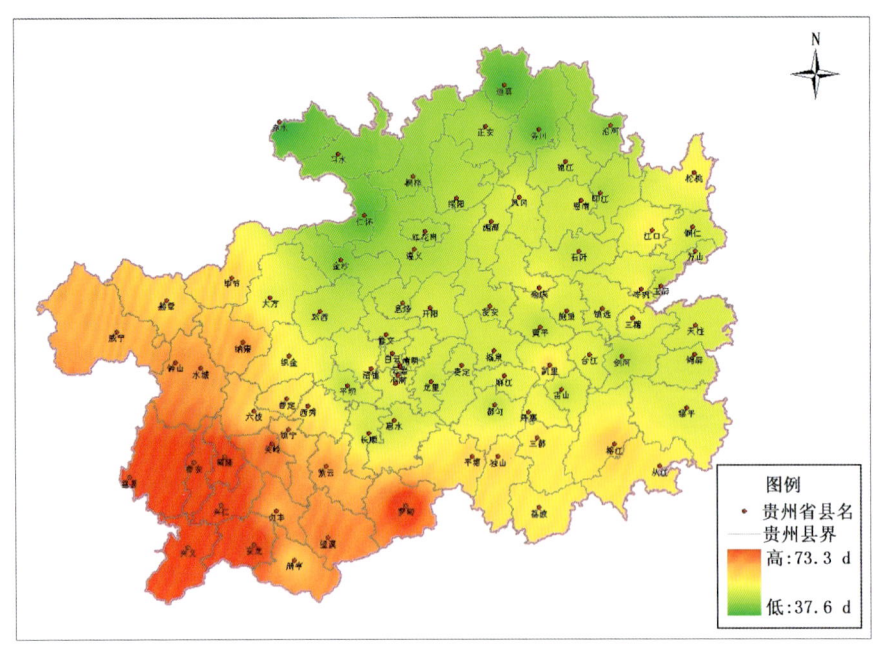

图 6.6　贵州省 1961—2000 年地面资料统计的年雷暴日分布图

我国雷暴日等级划分是:少雷区(小于 20 d)、多雷区(20 d≤雷暴日≤40 d)、高雷区(40 d≤雷暴日≤60 d)、强雷区(大于 60 d)。

根据数据统计分析,贵州省年平均雷暴日为 51.6 d,属于高雷暴区。其中,六盘水市南部、黔西南自治州、毕节市西部边缘、黔南自治州罗甸附近等区域年平均雷暴日数在 60 d 以上,(以兴仁县的 73.3 d 为最多,次之为晴隆县的 72.4 d,再次之为盘县的 72.3 d),属于强雷暴区。省内其余地区年雷暴日为 40~60 d。雷暴日区域分布呈现东北部弱,中部以南和西南部强的特征(图 6.6)。图 6.7 也反映了贵州省雪暴日分布。

### 6.2.1.2 年雷暴日月平均分布特征

贵州省年雷暴日月平均变化趋势图表明(图 6.8):各月均有雷暴天气出现,但雷暴天气最集中的时期是出现在每年的 4—8 月,月平均雷电日数超过 7 d,最高可达 10 d,占全年总数的 75% 左右。其中 7 月和 8 月为最多,占全年总数的 35.0%,以 1 月和 12 月为最少,仅占年平均数的 0.4%。图 6.9 也反映了雷暴日月变化趋势。

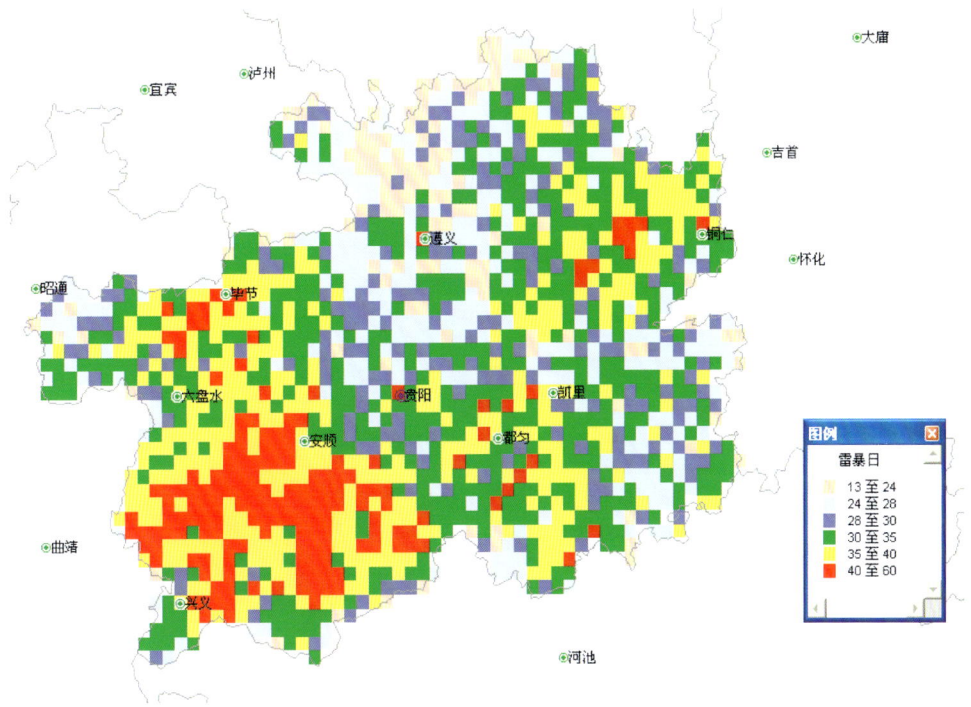

图 6.7　贵州省 2006—2007 年闪电资料统计的雷暴日分布图

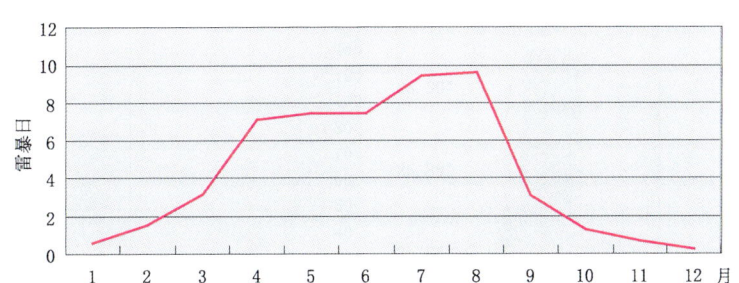

图 6.8　贵州省 1961—2000 年地面资料统计的年雷暴日月平均变化趋势图

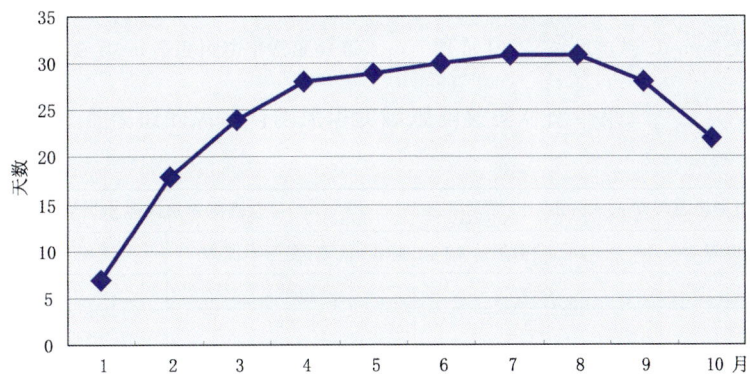

图 6.9　贵州省 2006—2007 年闪电资料统计的年雷暴日月变化趋势图

## 6.2.2 闪电分布特征

### 6.2.2.1 闪电密度区域分布

根据贵州闪电定位仪探测资料分析,从贵州省闪电密度分布图(图6.10)可以看到,闪电密度的分布与雷暴日的分布特征是吻合的,强雷电密度主要分布在中部、西南部地区,即毕节、安顺和黔西南等区域。

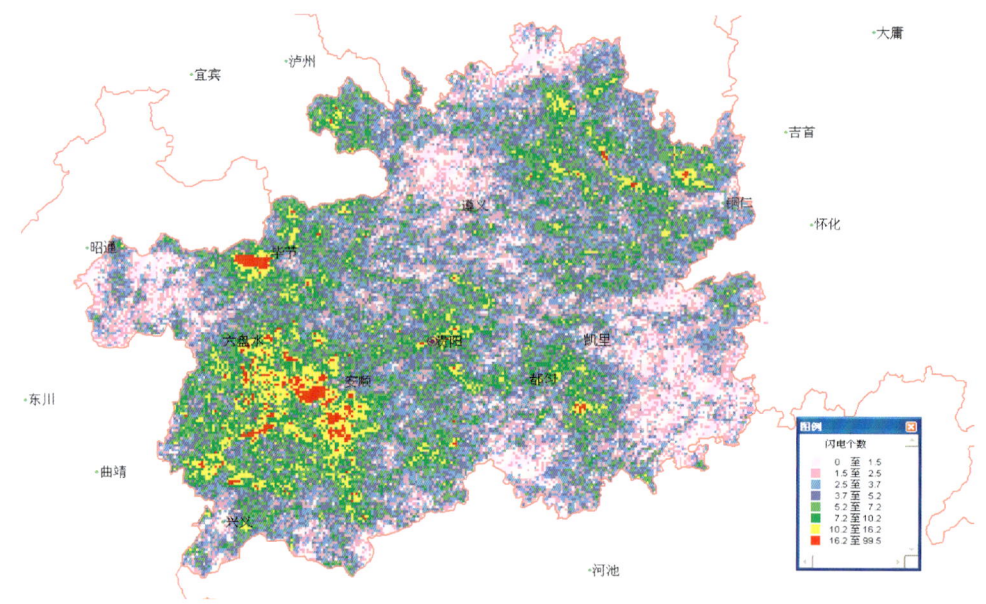

图6.10 贵州省2006年闪电密度分布图

2006年贵州省的闪电频数达到72多万次,远远高于国内的强雷暴区,说明雷暴活动相当频繁,雷暴日特征已经不能很好地反映区域内的雷电频繁活动,而闪电密度却能比较准确地表征当地的雷电频繁活动次数,对雷电预警预报和指导雷电防护作用显著。

### 6.2.2.2 闪电极性分布特征

图6.11反映了贵州省2006—2007年雷电活动的极性区域分布情况。雷电活动主要是负电闪,2006年正电闪25414次,负电闪701425次,负电闪占了全部电闪的95%。图6.12为2006年正负闪电绝对数月变化,6月正闪、负闪均达最大值。

### 6.2.2.3 闪电强度分布特征

从贵州省正电闪强度分布直方图6.13上看,第一电闪强度主要集中在15~25 kA,最高概率强度值为18 kA。该部分占了总量的75%,随后电闪的强度主要集中在30~45 kA,最高概率强度值为40 kA。该部分占了总量的5%。

从贵州省负电闪强度分布直方图6.14上看,第一电闪强度主要集中在15~25 kA,最高概率强度值为15 kA。随后负电闪的强度主要集中在35~45 kA,最高概率强度值为40 kA。

由图看出,贵州省总的的闪电频数虽然多,但特别强的闪电概率很少,闪电强度主要集中在45 kA以下。

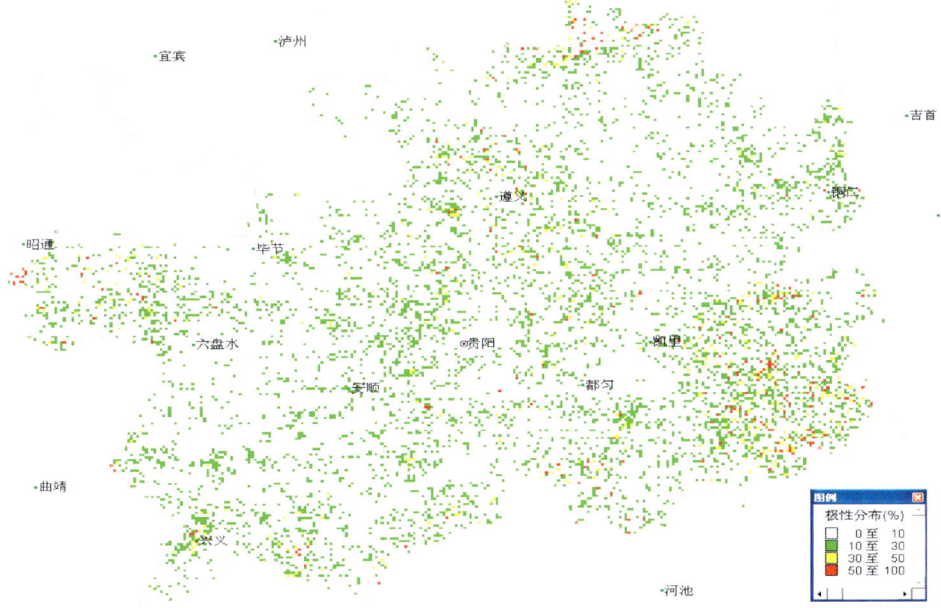

图 6.11  贵州省 2006—2007 年雷电极性分布图

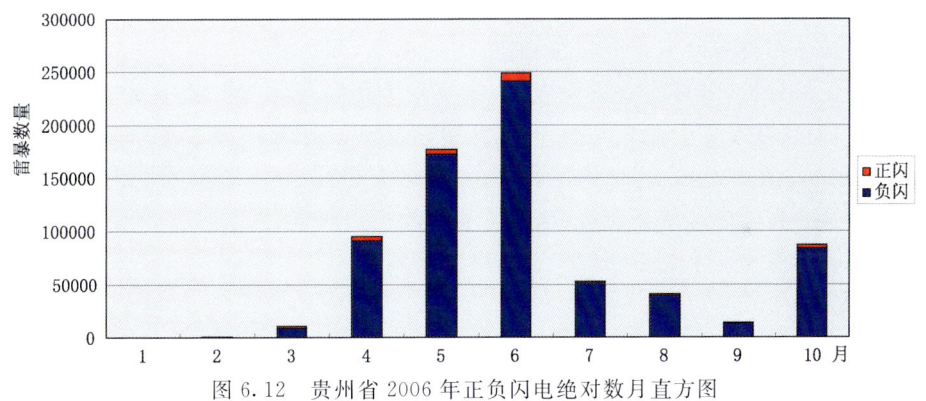

图 6.12  贵州省 2006 年正负闪电绝对数月直方图

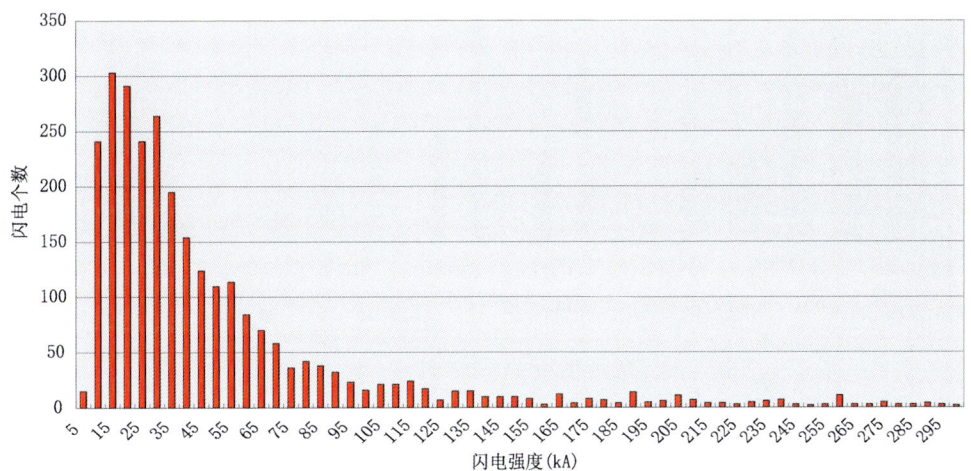

图 6.13  贵州省 2006 年正电闪强度分布直方图

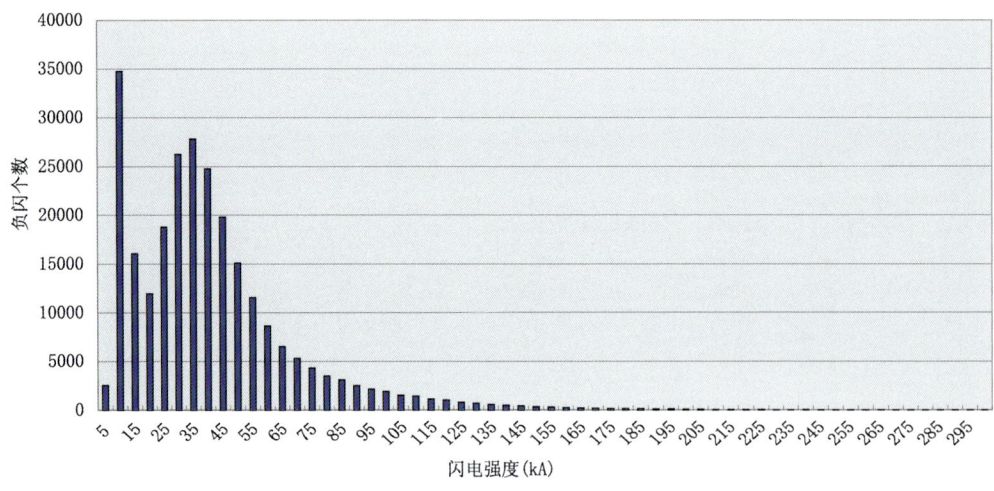

图 6.14　贵州省 2006 年负电闪强度分布直方图

### 6.2.3　雷电灾害区域分布特征

贵州省 2001—2006 年雷电灾害统计资料表明(图 6.15)，贵州省各地区每年都遭受雷灾，造成不同程度的人员伤亡和财产损失。说明贵州省遭受雷电灾害的范围十分广泛。

贵州省雷暴分布具有以下 3 个分布特征：①根据 40 年地面观测资料和 2006—2007 年闪电定位仪监测资料分析，每月均有雷暴发生，主要发生期在 4—9 月，其中夏季(5—8 月)为雷暴天气高发期，而且基本集中在 7 月和 8 月，其次是春季和秋季，冬季发生较少；②从平均雷暴日来看，总的分布为东北地区少，西南地区多；③平均雷暴日为 51.6 d，在国内不是很高，但是闪电频数(负闪电)在国内却排在首位，说明雷暴活动相当频繁，雷暴日数并不能很好地反映贵州省雷电的地闪密度。

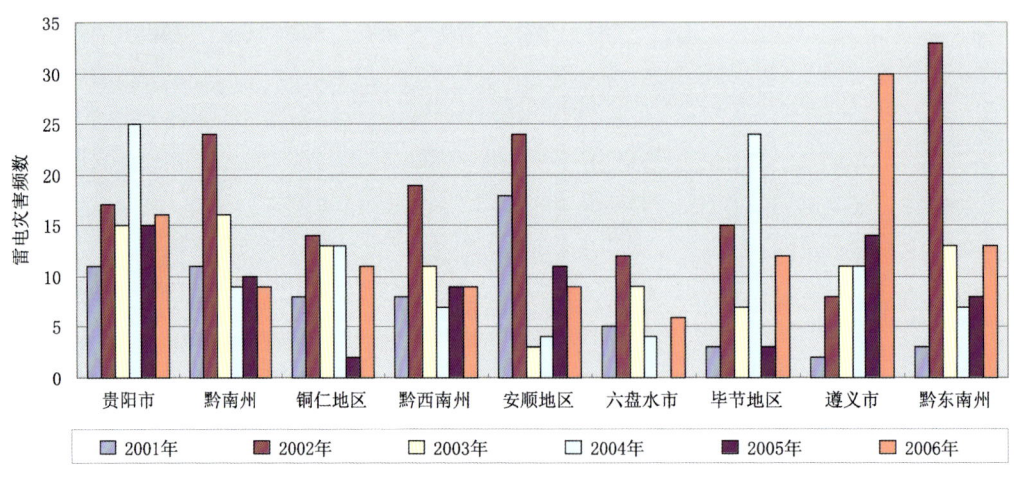

图 6.15　贵州省 2001—2006 年雷电灾害统计图

# 第 7 章  贵州风能资源开发利用建议

可以说,风能是未来我国乃至世界能源发展的一个主要方向。贵州省与全国其他地方相比,风能资源总量不算很丰富,但贵州在特定季节、特定地区仍具有良好的利用价值,认清贵州风能资源状况,风能资源开发利用环境,因地制宜地推动风能资源开发利用十分必要。

## 7.1 风能资源开发前景

(1)蕴藏较为丰富。

贵州省 70 m 高度 $\geqslant 200$ W/m² 的技术开发面积为 2769 km²,技术开发量为 $770 \times 10^4$ kW;$\geqslant 250$ W/m² 的技术开发面积为 2002 km²,技术开发量为 $558 \times 10^4$ kW;$\geqslant 300$ W/m² 的技术开发面积为 1630 km²,技术开发量为 $456 \times 10^4$ kW;400 W/m² 以上区域的技术开发面积为 568 km²,技术开发量为 $157 \times 10^4$ kW。

(2)区域分布特征明显。

贵州省风能资源,总体西部好于东部,中部好于南部及北部。风能资源丰富、开发条件较好的地区主要集中在毕节市西部、南部及中北部、六盘水中部及南部;遵义市中北部、贵阳中部;黔东南州中东部局部、榕江县与荔波交界地带等区域;黔南州北部、黔西南州中部局部、铜仁市局部。风资源随海拔高度变化大,绝大部分风能资源较好的区域位于海拔 1500 m 以上的高山山脊或台地上,高值区分布相对零散,分布复杂,单个风电场装机容量不大,有利于电网的接入和消纳,很多地方适合于分散式风电开发。

(3)季节性分布特征显著。

贵州省中部以西风速和风能呈冬春季大、夏秋季小的特点,与占主导地位的水电具有丰枯互补的效应。主导风向明显,绝大部分地区主导风向以偏南风或偏北风为主,有利于风能资源的利用。

## 7.2 风电场开发步骤

由于贵州省山区地形比较复杂,因此,在风电场开发过程中需要遵循以下步骤。

(1)风电开发企业需在拟开发风电场区域进行现场踏勘,根据现场的地形、地貌以及拟开发风电场的范围,确定设塔观测方案。经现场测风塔选址后,编制测风方案;

(2)风电开发企业按照测风方案设置测风塔,安装测风仪器后开始拟开发风电场风能资源现场观测;

(3)拟开发风电场经过一段时期的现场测风,风电开发企业收集现场测风数据,自行或委托具有风能资源评估资质的单位编制拟开发风电场风能资源初期评估报告,并将报告上报贵州省能源局进行审查;

(4)当风电开发企业上报的拟开发风电场风能资源初期评估报告数据显示该风电场风能资源达到开发要求时,贵州省能源局以文件形式下发通知,同意该风电场开展前期工作,风电开发企业方可对拟开发风电场进行开发;

(5)风电开发企业按照贵州省能源局文件要求开发拟开发风电场后,需对拟开发风电场进行至少连续一年的现场测风观测;

(6)拟开发风电场现场测风满一年后,风电开发企业需将观测数据交由具有风能资源评估资质的单位,委托该单位编制拟开发风电场风能资源评估报告;

(7)拟开发风电场风能资源评估报告编制完成后,风电开发企业或评估报告编制单位向贵州省气象局相关部门提出申请,由贵州省气象局组织相关专家对拟开发风电场风能资源评估报告进行评审;

(8)拟开发风电场风能资源评估报告通过贵州省气象局组织的专家评审后,方可作为风电开发企业规划建设该风电场及编制可行性研究报告编制的依据;

(9)风电开发企业将拟开发风电场风能资源评估报告及相关测风数据交由具有风电场可行性研究报告编制资质的单位,委托该单位编制拟开发风电场可行性研究报告;

(10)拟开发风电场可行性研究报告编制完成后,风电开发企业或评估报告编制单位向贵州省能源局提出申请,由贵州省能源局组织相关专家对拟开发风电场可行性研究报告进行评审;

(11)拟开发风电场可行性研究报告通过贵州省能源局组织的专家评审后,风电开发企业方可建设该风电场。

## 7.3 风能资源评估报告编制要求

风电场风能资源评估报告是对拟开发风电场经过风资源观测、数据检验及订正、数据分析评估等工作完成以后,对风电场的风能资源进行评估后形成的咨询性文本,其结果将为下一步开展工程规划、预可行性研究和可行性研究工作提供依据。

编制的风能资源评估报告通常需包括项目概况、编制依据、数据处理方法、风能资源长年代分析及订正、风况参数计算分析、参证站相关气象要素统计、气象风险分析、评估结论等内容。也可根据委托方或业主需求,按照商定的技术大纲进行编制,但贵州省风能资源评估报告一般应包括项目概况、编制依据、测风塔设塔情况、测风数据验证及插补订正、长年代分析及订正、风况参数计算分析、风电场区域数值模拟评估、参证站相关气象要素统计、气象风险分析、评估结论和建议等内容。

### 7.3.1 前言

(1)介绍拟开发风场项目基本情况,包括拟开发风电场所在区域的行政区划,场区地理坐标,海拔高程,开发面积,装机容量。
(2)场区地理位置示意图,风电场地形和地表植被概况,场区代表性实景图片。
(3)交通情况、施工条件等。
(4)编制评估报告依据的标准、规范和文件等。

### 7.3.2 数据介绍

(1)介绍编制评估报告使用数据的来源,测风塔设塔位置。
(2)测风观测采用的设备,塔架型型式,测风仪器安装高度等。
(3)测风塔照片。
(4)数据测量时间。
(5)数据检验,数据插补订正等数据处理方法。

### 7.3.3 长年代分析及订正

长年代分析及订正是根据拟开发风电场附近长期气象观测站的观测数据,将经过插补订正后的测风数据订正为一套反映拟开发风电场所在区域长期平均水平的代表性数据,即拟开发风电场测风高度上代表年的逐小时风速风向数据。

### 7.3.4 数据计算分析

(1)空气密度
按下列顺序分析空气密度:
1)对各测风塔、各高度层逐月和年平均空气密度以表格形式列出;
2)以折线图形式给出各测风塔、各高度层月平均空气密度的年内变化情况。
(2)风速和功率密度年内变化
按下列顺序分析月平均风速和风功率密度年内变化:
1)对各测风塔以表格形式列出各高度层风速和风功率密度的年内变化;
2)对各测风塔以折线图形式给出各高度层风速和风功率密度的年内变化;
3)描述各测风塔各高度风速和风功率密度的年内变化特征。
(3)风速和风功率密度日变化
按下列顺序分析逐时平均风速和风功率密度日变化:
1)对各测风塔以表格形式列出各高度层全年风速和风功率密度的日变化;
2)对各测风塔以折线图形式给出各高度层全年风速和风功率密度的日变化;
3)对各测风塔以折线图形式给出各高度层逐月风速和风功率密度的日变化;
4)描述各测风塔各高度风速和风功率密度的全年日变化特征。
(4)风速和风能频率分布
按下列顺序分析风速和风能频率分布:
1)对各测风塔以表格形式列出各高度层各风速段全年风速和风能频率分布以及有效风速频率统计结果;
2)对各测风塔以柱状图形式给出各高度层各风速段全年风速和风能频率分布;
3)对各测风塔以柱状图形式给出各高度层逐月风速和风能频率分布;

4)描述各测风塔各高度层风速和风能频率全年分布特征。

(5)风向频率及风能密度方向分布

按下列顺序分析风速和风能频率分布:

1)对各测风塔按 16 个扇区统计风向测量层全年风向频率和风能密度方向分布,以表格形式列出;

2)对各测风塔以玫瑰图形式给出风向测量层全年风向频率和风能密度分布;

3)对各测风塔以玫瑰图形式给出风向测量层逐月风向频率和风能密度分布;

4)描述风向频率和风能密度方向分布特征。

(6)风切变指数

按下列顺序分析风速和风能频率分布:

1)以表格的形式列出各测风塔各高度层间风切变指数计算结果;

2)以折线图形式给出各测风塔风廓线图;

3)描述风切变指数特征。

(7)湍流强度

按下列顺序分析风速和风能频率分布:

1)以风速大于等于 4 m/s、12 m/s、15 m/s、18 m/s 和 15 m/s 风速段为目标,计算各测风塔各测风高度层间的 10 min 湍流强度;

2)以表格形式列出计算结果;

3)描述湍流强度特征。

(8)威布尔分布参数

1)以表格形式列出各测风塔各高度层威布尔分布参数;

2)以图形形式给出威布尔分布曲线图;

3)描述威布尔分布特征。

(9)50 年一遇最大风速和极大风速

按下列顺序分析 50 年一遇最大风速和极大风速:

1)以表格形式列出各种方法计算的各测风塔各高度层 50 年一遇最大风速和极大风速推算值;

2)以各测风塔计算的最大值表征该测风塔 50 年一遇最大风速和极大风速,以拟开发风电场内所有测风塔的最大值表征该拟开发风电场 50 年一遇最大风速和极大风速;

3)将拟开发风电场 50 年一遇最大风速和极大风速换算到标准空气密度状况的值。

(10)风况参数统计

按 GB/T 18710 附录 C1 的格式形式列出各测风塔风况参数。

### 7.3.5 数值模拟

采用中尺度模式计算结果或测风塔的测风数据计算结果,在叠加拟开发风场地形的基础上,对拟开发风场范围内的风能资源进行数值模拟。数值模拟要进行模拟精度检验。

### 7.3.6 气象站风况和相关气象要素统计

(1)参证气象站风况及相关气象要素统计

按下列方式给出参证气象站风况和相关气象要素：
1) 以直方图的形式给出累年和测风年逐月平均风速年内变化；
2) 以直方图的形式给出历年平均风速年际变化；
3) 以玫瑰图的形式给出累年和测风年风向频率玫瑰图；
4) 以表格的形式列出相关气象要素累年统计情况，包括累年平均气温、极端气温、平均相对湿度、平均气压、降水量、日照时数、霜日数、冰雹日数、雨凇日数、大风日数、雷暴日数的气候平均值等。

(2) 拟开发风电场所在地气象站风况及相关气象要素统计

按下列方式给出拟开发风电场所在地气象站风况和相关气象要素：
1) 以直方图的形式给出累年和测风年逐月平均风速年内变化；
2) 以直方图的形式给出历年平均风速年际变化；
3) 以玫瑰图的形式给出累年和测风年风向频率玫瑰图；
4) 以表格的形式列出相关气象要素累年统计情况，包括累年平均气温、极端气温、平均相对湿度、平均气压、降水量、日照时数、霜日数、冰雹日数、雨凇日数、大风日数、雷暴日数的气候平均值等。

若拟开发风电场所在地气象站为参证气象站，则省略此节。

### 7.3.7 气象灾害风险分析

分析拟开发风电场所在区域的可能会遇到的气象灾害，如凝冻、雷暴等，并给出相应的建议。

### 7.3.8 评估结论和建议

(1) 对拟开发风电场风能资源进行客观评述，包括各测风塔的年平均风速、风功率密度和资源等级等；
(2) 对拟开发风电场风能资源的分布和变化规律进行评述，包括风速和风功率密度的年变化和日变化、风速和风能频率分布、风向和风能密度方向分布规律、主导风向分布等；
(3) 对拟开发风电场其他风况参数进行简要评述，包括风切变、湍流强度、50年一遇最大风速和极大风速、数值模拟等；
(4) 根据资源量、现有风电技术水平初步确定拟开发风电场是否具备工程开发价值；
(5) 分析拟开发风电场可能会遇到的气象灾害影响，并提出相应的措施建议；
(6) 其他建议。

## 7.4 风能资源开发利用建议

### 7.4.1 进一步提高对风能资源开发利用重要意义的认识

贵州省煤炭资源及水资源虽然较为丰富，但煤炭可开采资源量是有限的，需要保护性开发；全省水电资源开发潜力也基本告罄。根据对全省风能资源据调查测算评估，贵州省风能资源具有区域分布特征明显、季节性分布特征显著、主导风向明显等特点。风能资源的蕴藏较为丰富,具有商业开发利用潜力,要改变以前的错误认识,积极投入开发工作中。

### 7.4.2 适当给予相关风能开发的鼓励政策

我国根据各地风能资源状况和工程建设条件将全国分为四类风能资源区,四区域风电标杆电价分别为每千瓦小时 0.51 元、0.54 元、0.58 元和 0.61 元。贵州省属于第四类资源区,执行 0.61 元的电价;另外,还可考虑参考如山东省的相关政策,省里适当给予补贴,提高上网电价,提高风电开发企业在贵州省开发风电的积极性。

### 7.4.3 有计划有秩序地开发风电,制定完善发展规划

建议继续深入开展风能资源预选风电场场址风能资源探测工作。摸清家底,确定目标,制定和完善贵州省长期风电发展规划。对全省风能资源较好、规模较大的区域进行总体规划、集中连片开发建设,确保贵州省风力发电产业有计划有秩序的发展。

### 7.4.4 规范开发项目前期可行性论证工作

对拟开发风电场项目必须开展前期可行性论证工作。风电场前期可行性论证工作指编制风能资源评估报告,一般应包括项目概况、编制依据、测风塔设塔情况、测风数据验证及插补订正、长年代分析及订正、风况参数计算分析、风电场区域数值模拟评估、参证站相关气象要素统计、气象风险分析、评估结论和建议等内容,以保证评估报告内容具有可比性、完整性。

### 7.4.5 坚持电网先行原则,加快配套电网建设

从目前风电建设接入系统情况看,电网建设明显滞后。应积极争取政策支持,争取电网等部门的配合,超前规划,提前建设电网输配电设施。重点保证大型风电场对外输送能力。

### 7.4.6 坚持重点支持的原则,维持风电开发秩序

随着风电开发优惠政策的逐步落实,风电开发企业对投资风电开发信心在增强,风电开发市场的竞争将会加剧。因此,对风电开发企业的选择和风电开发秩序的维持迫在眉睫。进一步优化软硬环境,优先鼓励和支持在贵州省投资建设风电产业基地的大企业开发风能资源,实现风能资源开发利用和风电产业发展的协调互动。

目前,在贵州省投资风电的企业有中国华能集团公司、中国大唐集团公司、华润风电科技公司、龙源电力集团股份有限公司等大型企业,开发企业的实力、业绩和信誉均已得到证实。重点选择和支持那些实力雄厚、经验丰富、有信誉、业绩优、社会责任感强的大企业集团参入投资建设,是确保建设速度和运营质量的关键。

### 7.4.7 加强风电开发研究及人才培养

针对贵州省山区风电具有间歇性,而且风电机组有时在凝冻、雷暴等恶劣气象条件下工作的特点,开展风电场风功率预报和风电场安全气象保障服务系统的研究十分重要,需要培养大批风电开发安装、运行、维护、服务等的技术人才,可以保证风电机组安全和提高供电质量,对贵州省风能资源为地方经济服务提供有力的保障。

# 参考文献

曹志建,邵莉丽,等.2010.贵州省雷暴活动规律初步分析研究[J].贵州气象,增刊:120-121.
陈百炼,吴战平,等.2014.贵州冬季电线积冰及其成因分析[J].气象,40(3):355-363.
陈朝晖,管前乾.2006.基于短期资料的重庆风速极值渐近分布分析[J].重庆大学学报,29(12):88-92.
丁旻,甘文强,等.2011.贵州省雷电灾害易损性分析及区域划分[J].成都信息工程学院学报,(2):189-193.
丁旻,吴古会,等.2012.贵州省雷电的破坏作用分析[J].科技风,(9):39-41.
法国美迪公司.2009.Meteodyn WT 用户使用手册.120-123.
方艳莹.2012.基于 WRF 与 CFD 模式结合的风能资源数值模拟研究[D].南京:南京信息工程大学.
贵州省能源局.2006.贵州省新能源"十二五"发展规划.贵阳:贵州省能源局.
贵州省能源局.2010.贵州省 2011—2012 年分散式风电开发方案.贵州:贵州省能源局.
贵州省农业气候区划编写组.1989.贵州省农业气候区划[M].贵阳:贵州人民出版社.
贵州省气候中心.2006.贵州省风能资源调查报告.贵州:贵州省气候中心.
贵州省气候中心.2007.贵州省风能资源评估及应用开发前景研究.
贵州省气候中心.2008.贵州省风能资源评价报告.贵州:贵州省气候中心.
贵州省气候中心.2010.贵州省风能资源观测点风能详查报告.贵州:贵州省气候中心.
贵州省气候中心.2011.贵州省风能资源详查和评估报告.贵州:贵州省气候中心.
贵州省综合地图册编辑委员会.2003.贵州省综合地图册.贵州:贵州省综合地图册编辑委员会.
国家发展和改革委员会.2004.风能资源评价技术规定.北京:国家发展和改革委员会.
呼津华,王相明.2009.风电场不同高度的 50 年一遇最大和极大风速估算[J].应用气象学报,20(1):108-113.
李鸿秀,任鹏,等.2007.关于风能资源评估中最大风速的探讨[C].北京:第四届亚洲风能大会暨国际风能设备展览会.
李玉柱,等.2001.贵州短期气候预测[M].北京:气象出版社.
宋丽莉,吴战平,等.2009.复杂山地近地层强风特性分析[J].气象学报,67(3):452-460.
吴战平,帅士章,等.2009.贵州冬季冰冻研究及冰区划分.贵州:贵州省电网公司.
吴战平,张娇艳,等.2014.1961—2010 年贵州冬季路面持续凝冰时间时空分布变化特征[J].南京信息工程大学学报,6(1):82-88.
严小冬,吴战平,等.2009.贵州冻雨时空分布变化特征及其影响因素浅析[J].高原气象,28(3):694-701.
颜宏,等.2002.中华人民共和国气候图集[M].北京:气象出版社.
张家诚,等.1985.中国气候[M].上海:上海科学技术出版社.
中国气象局.2005.地面气象观测规范[M].北京:气象出版社.
中国气象局.2006.中国风能资源评估报告[M].北京:气象出版社.
中国气象局风能太阳能评估中心.2003.风能资源综合分析评价技术规定.北京:中国气象局风能太阳能评估中心.
中国气象局风能太阳能评估中心.2004.风能资源详查和评价工作大纲.北京:中国气象局风能太阳能评估中心.
中国气象局风能太阳能评估中心.2005.全国风能资源评价技术规定.北京:中国气象局风能太阳能评估中心.
中国气象局减灾司.2002.天气预报技术文集(2001)[M].北京:气象出版社.
朱瑞兆.1991.应用气候手册[M].北京:气象出版社.

朱勇,王学锋,等.2013.云南风能资源及开发利用[M].北京:气象出版社.

Arritt R W. 1987. The Effect of Water Surface Boundary Layers[J]. *Boundary-Layer Meteorology*, **40**:101-125.

Delaunay D. 2011. Wind atlas with Meteodyn WT. Meteodyn WT users meeting. France, Paris, March 21-22.

Delaunay D. 2012. The case of very inhomogeneous roughness as inlet conditions in Meteodyn WT. 1-2.

Ferry M. 2000. The MIGAL solver. Proc. of the Phoenics Users Int. Conf., Luxembourg.

Ferry M. 2002. New features of the MIGAL solver. Proc. of the Phoenics Users Int. Conf., Moscow, Sept.

Garratt J R. 1992. The atmospheric boundary layer. Cambridge Atmospheric and Space Sciences Series.

Technical note-meteodyn WT. 2007.

Yamada T. 1983. Simulations of Nocturnal Drainage Flows by a q2l Turbulence Closure Model[J]. *J Atmos Sci*, **40**:91-106.